その農地、私が買います

高橋さん家《ち》の次女の乱

高橋久美子

その農地、私が買います　高橋さん家《ち》の次女の乱

はじめに

父が家の田んぼを太陽光パネル業者に売ったと母から電話で聞いたのは、二〇一九年の十月のことだった。あまりにびっくりして私はこんなTweetをしてしまった。

父が上の田んぼを全部太陽光パネル業者に売ってしまったという。我が家周辺の7軒くらいの人全員の田んぼや畑が、太陽光パネルになる。私達のぶどう畑も太陽光パネルになる。茫然自失。父に電話しても、地域の会で決まったと言うだけ。元々父とは衝突ばかりだったけどもはや宇宙人と話しとるみたいや。

このTweetに対し同情する声もあったが、意外にも「お父さんの気持ちに共感する」という意見が多くびっくりした。高齢化で農業を続けるのは厳しく、農地を継ぐ若者がいない中で、畑を荒らすよりは太陽光パネル業者に買ってもらう方がましというのは全国共通の思いらしかった。確かに、長年土地にしばられてきた父だからこそ、好きに始末してもいいのかもしれない。でも、でもなあ……あの黄金《こがね》色の稲穂が風に揺れていた豊かな場所一面に黒いパネルが並ぶのかと思うとぞっとした。

目　次

第1章
久美子の乱
第1ラウンド

久美子の乱

愛媛に帰っていたある日、電車で山沿いを走ると、山の急斜面がびっしりと太陽光パネルで埋まっているところを見つけた。メガソーラーと言われるものだろう。あんなことして土砂崩れが起きないのだろうかと心配になった。自然エネルギーというと聞こえはいいが、山並みにびっしりとパネルが並ぶ光景は、環境破壊にしか見えなかった。

　地元に帰る度、使われなくなった田畑を中心にどんどんと黒の光景は広がっていた。畑を荒らしている方がそれこそ自然の状態に戻るだけのことでいいんじゃないのか？　と考えてしまうが、地元の人たちは兎《と》にも角《かく》にも田畑を荒らすことを嫌う。

　一度荒らすと五年は農作地には戻らないと聞くが、それでもパネルにするよりは自然なんじゃないかなあ。まあ、そんなこと言おうものなら、父から一〇〇倍返しだけどね。除草剤を撒《ま》いても、コンクリートを流しても、とにかく草だらけにならなければよいのだ。虫や草の種が飛び近隣の農家に迷惑をかけてはいけないと言うけれど、本当のところは周りの目が気になるのだろう。「だらしない人だ」と思われることが何よりも恥ずかしいと思っている。

「久美子に言うたら面倒なことになる」と、父は田んぼを売ったことを私にひた隠しにしていた。母からの密告の後、私はすぐさま父の携帯に電話した。ええ、怒ってますとも。相談もしないなんて。案の定、電話で話しても埒《らち》が明かない。とうとう電源を切られてしまった。

十一月、実家に帰って直接話してみることにした。

こたつに入ってテレビを見ている父と最初は穏やかに話していたのだが、太陽光パネルの話を切り出すと、雲行きが怪しくなっていく。

「なんで、そんな大事なことを一人で決めたん？」

父は、ああ面倒くさいやつ来たぞーと、目はテレビに向けたまま、口だけ動かす。

「おまえは東京におるんじゃけん関係なかろわい」

「関係なくないやん。そういうのは家族みんなで決めるべきだろ」

「あの土地はわしの名義になっとるからわしの土地、一人で決める。だいたい、農業してない奴に何が分かる言うんじゃ」

「お母さんだって、M子（妹）だってみんな手伝ってるやん。そのみんなが反対しとるよ。後継者おらん家なら売るのもしょうがない思うけどM子が農業する言うて帰ってきて今がんばってしてるやんか。それに農繁期には私も帰ってきて、みんなで手伝ってきたやんか」

「あんなんで手伝ったうちに入るか。それにM子だって甘いわ。一年やってみて農業なんかで食べていけんとよう分かったろ。苦労するだけじゃからどっかに就職した方がええ。とにかくお父さんはもう農業をやめたいんよ。農地は負の遺産やって、近所の人らもみんな言うとるぞ」

「信じられん。意味が分からん。全部パネルになるんよ？　それでええん？」

「今さら何言うとるんぞ。◯◯さんも△△さんもみんな業者に売ってパネルにしとるだろわい」

「みんながしたら、自分もするん？」

「おまえいつも言いよるでないか。環境のこと考えないかん言うて。そしたら原子力発電や火力発電やめて太陽光パネルにするいうわしの考えは正しいやろが。グレタさん見てみい、あの子は偉いぞ。グレタさんもCO_2を減らさないかん言うて訴えとったろわい。ほしたら太陽光パネルが一番ええかろわい」

「うーん。グレタさんは偉いと思う。ほんで確かに自然エネルギーに転換するのはええ思うよ。けど、あれ一枚でどんだけの電気が作れるか知っとんの？　ほんで二十年もしたらゴミになるんで。物によっては鉛《なまり》やカドミウムも含まれとる、もし割れて滲《し》み出たらどうするん？　大阪や千葉の台風でも飛ばされて燃えたりして問題になってたろ。この辺はやまじ風（日本三大悪風）も吹くんやけん、何あるか分からんやろ。業者によく話聞いたん？」

「いや、何も聞いてない。でももうこっちの手を離れるんやから何があっても責任ないじゃろう。だいたいそんなのテレビでも新聞でも言うてないや。信用できん。政府がそんな危ないもの推奨するか？」

「いやいや、ネットのニュースでは台風の後に騒がれてたよ」

「おまえはネットに踊らされすぎ。もしもしもしも言うとったら何もできんぞ」

「いやいやいや。百年後考えたらやっぱり恐いわ。ほれにうちの田んぼやか裏が山じゃからすぐに日陰になるやろ。どればも（いくらも）電気作れんで？」

「作れても作れんでも土地がなくなればええんじゃ。ああもう、おまえが帰ってきたらなんでも混ぜ返してややこしいなる。はよう東京いね！」

伊予弁ってかわいいねーと東京の友だちに言われるけど、それは松山とか南予《なんよ》の言葉遣いでありまして、私の実家のある東予《とうよ》の方言はなかなか激しい。東京の人は愛媛と一つにくくって見るが、東予、南予、中予《ちゅうよ》と三つの地域に分かれており、性質・言語も違う。全部をそのまま書いたら、最後まで読んでもらえないと思うので、少し標準語に翻訳して書いたけれど、すぐに取っ組み合いの喧嘩《けんか》になりそうな方言である。東京にいたら忘れているそれらが、愛媛に帰るや目を覚ましてネイティブ東予弁に戻る恐ろしさよ。

「太鼓祭り」という、喧嘩祭りが有名な地域なので少々気性も荒い。久美子さんって穏やかだねとよく言われるが、この口の悪いおっさんの子どもなのだということを忘れてはならない。ちなみに、この会話でレベル5中の2くらい。

はじまった……と母と妹は炊事をしながら二人の闘いを遠目に見ている。二人も、近くに住む姉だって、田んぼを売るのは反対である。みんなでやれば方々に点在する農地もなんとか残せるだろうと思う。それに小学生の甥《おい》や姪《めい》たちも農業に興味を持っていてよくお手伝いもしてくれるのだ。でも、父が何を言ってもきかない人だということをみんな知っているから口答えしない。触らぬ神に祟《たた》りなし。

近所を散歩していると、中高年の女性たちにいろいろ話を聞く機会があるが、とにかく夫に楯突《たてつ》かない。思ったことも言わない。これが鉄則らしい。本当にここは令和なんだろうかと東京から帰る度に思う。自治会に来るのはほぼ男性だけだし、ゴミ収集所の掃除当番は女の人がいる家にだけまわる。男性一人暮らしの家は掃除当番をしなくていいという暗黙のルール。女性一人暮らしの家にはまわってくるのにだ。

「太鼓祭り」は基本的には男性の祭りで(今は、女性が担《かつ》いでいる姿もたまに見かけるが)、女性はせっせと料理を作って休憩場で男性たちを待っていた。そして酒を飲み散らかした男たちの後片付けをするのは女の役目だった。「男に生まれたかったなあ。そしたら私も太鼓担げるのに」というのが、物心ついてからの私の口癖だった。

私はそういう地元の姿を幼少期から違和感を持ってずっと見てきた。「おまえが帰ってくると揉《も》めごとが多くなる」と父は言うけれど、それは思ったことを言っているだけなのだ。やっぱり高橋さん家《ち》の次女は変わり者だねとなる。「普通にしておけ」の「普通」が、みんなから見たら普通じゃないらしい。

大学で徳島に出たことが外から地元を見るきっかけとして大きかった。お隣の県だが、また気風が違っていた。阿波《あわ》おどりのメインは女踊りであることを知ると、ぐんぐんと徳島の女性文化に惹《ひ》かれ、私の性格も明るく開放的になっていった。「讃岐《さぬき》男に阿波女」という言葉が四国には古くから残っている。男を選ぶなら香川の男がいい、女なら徳島がいい、という言い伝えだ。香川の男性についてはよく知らないが、徳島の女性は、元バンドメンバーの二人を含め、自分を持ったかっこいい人が多かった。

決して愛媛の女の人が弱いと言っているのではない。ただ、祭りと地域の性質が密な関係にあることをすごく感じる。生まれたときからそれを見て育ったことで、自然と刷り込まれるものもあるのではないか。四国の異端児、高知なんてまさにその最《さい》たるもので、よさこい祭りもまた女性が主役の祭りである。

そういうことも外に出て初めて見えたことだ。さらに、大学卒業後、東京に出て見えた四国の良いところ、そして気になるところ。地元の人がその価値に気づかず、消滅しようとしている場所や文化にこそ魅力が詰まっていると感じることは多い。


私のふるさとは愛媛県の東予にある小さな町で、里芋や米を中心とした農業がさかんな(昔は)自然の美しい土地だった。山間にある例の田んぼへは山からの冷たい清水が小川を通り常に流れているので、地元では少々有名な米どころでもある。私の家は代々農家ではあるが、祖父の兄弟や父の弟、そして私の姉と、農転(宅地等に書き換えできる農地)できる土地を一族に譲って、元農地に家を建てたので、今は田畑は全部合わせても七反《たん》(二一〇〇坪、一反＝三〇〇坪)くらいに減っている。よって、高橋姓が近所にずらりと並ぶ。

南予や中予には大規模な農家さんが多いが、私の住む東予は四十分も車を走らせれば海沿いに製紙会社が二〇〇以上ひしめき合う産業の町がある。家もそうだったが、父親は会社勤めで祖父母と母が主体で農業をする兼業農家の子がクラスでも多かった。農繁期には親戚が手伝いにきて、畦《あぜ》に並んでおにぎりを食べるのが楽しかった。それに、いつでもおいしい野菜が食べられるという環境は子ども心にも誇らしかった。

私たち三姉妹はあまり農業に悪いイメージをもっていない。それは、祖父母や母がいつも楽しそうにハツラツと農業をしていたからだ。だからこそ、妹も実家へ帰ってきて本格的に農業をやりはじめたし、姉夫婦や小学生の甥と姪もその手助けをしてくれる。

祖父母たち戦争体験者が姿を消していくのに従って、近隣の多くの田畑は荒れ、数年後にはどこもかしこも太陽光パネルに変わっていった。複雑な気持ちだった。だって、自然エネルギーに転換しなければいけないと私も思っているもの。それに自由な時代なんだからもう土地にしばられることなく、みんな好きに生きたらいい。農業が好きな人が農業をしたらいい。それが理想だと思う。

生まれたときから農業の手伝いをさせられた父の世代は農業嫌いが多いように思う。産業が十分にあって稼げる時代なのだから、農業、しかも機械も入らない棚田なんて面倒なだけというのが父世代の大半の考えだ。猿が作物を食べてしまうようになってからは、輪をかけて農地を手放す人が増えた。

逆に、孫世代の我々の方が、新しい方法で農作物を販売したり、ファーマーズマーケットを開催する若い農家さんが出てきたりして、地産地消を目指す人は徐々に増えてきていると思う。だからこそ、今、農地が全て太陽光パネルになることが私は恐い。ふるさとの景色は帰る度に黒に塗りつぶされていき、ついに私の足元にまでやってきてしまった。それが正しい黒だとしても、いいね！　を押せない自分がいた。

ビアトリクス・ポターになりたい

「これは地域の皆で決めたことじゃからしょうがない。○○さんや、△△さんも、後継ぐ人がおらんかろわい。土地をちょっとでも減らしたいんは皆一緒よ。そこへ土地を買《こ》うてくれる業者が現れたんじゃから言うことなしだろ」

と父。ふむふむ。まとまって一反以上にならなければ買い取ってもらえないそうで、連なる何軒かの農地で一人抜けても、この計画はおじゃんになってしまうそうなのだ。連帯となると確かにやめにくいなあ。

四国に来たことのある人なら分かると思うが、山と海に囲まれ平地は少ない。私たちの住む土地も先祖が山野を開墾したのだろうと想像する。前項で七反あると書いた農地も、まとめるとということで、段々畑や棚田のようになって方々に点在している。場所によっては農機具が入らないところもあり、その分手作業が多く手間がかかる。それなのに取れ高が少なく割に合わないという父の嘆きはもっともだと思う。でも、その段々畑こそが四国の風景の魅力でもある。

農業は鍬《くわ》や鎌《かま》を使った、原始的な作業だと思っている方もいるかもしれないが、とんでもない。現代農業はお金がかかる。一昨年コンバイン（稲を刈って籾《もみ》を取る機械）をメンテナンスに出しに行って驚いた。一〇万円以上かかったのよ！　車検くらいよね。これ、数年に一度は出さないといけないそうで、トラクターにコンバイン、田植え機、米の乾燥機（脱穀や乾燥の機械）、精米機、草刈り機、耕運機（狭い畑を耕す用）、お米用の冷蔵庫……年に数回しか出動しないメカが我が家には一体何台あるだろう。

トラクターなんて一台二〇〇万するし、コンバインも乾燥機も一〇〇万はするそうだし、トラクターの爪は二年に一回替えないといけないし、草刈り機の刃だって度々替える。私が知っているだけでもそれらの農機具自体をすでに何度かは買い替えている。もちろん軽トラはマストだ。全部合わせたらとっくにフェラーリとか買えてるぜ‼　これまでのやり方だと中・小規模農家は、続ければ続けるほどに赤字になるというのがよく分かる。

もちろん農協で農機具を借りることもできるが、賃料もかかるし、農繁期はどこもだいたい同じ時期なので予約は殺到、借りた日に雨になったり台風がきたりと思ったようにいかないことは多いという。祖父や父が会社勤めで稼いだお金で農機具を買うということを続けてきた高橋家だから機械がすでにあるが、もし妹がゼロから始めるとなった場合、農協にローンを組んでもらって一から全て揃《そろ》えるとか、借りるとかになる。順調にいってローンが返せたらいいが、昨今の自然災害で一夜にして壊滅し、離農した友人もいた。全部手作業の古来の方法でもやれなくはないが、農業で食べていくとなると機械が必要になるだろう。いつ大きな災害がくるかもしれないというリスクを背負う覚悟も、他の職種より重いのかもしれない。

数年前、私の結婚式のあと夫の実家へ父母と遊びにいったとき、車窓に広がる関東平野の広大な田畑を見て父は驚いていた。

「ええのう、こっちは一区画がこんなに大きいんか。これは農業もしやすいだろうなあ。わしもこういうところで農業がしたかったなあ」

それは気持ちのこもった言葉だった。私だって初めて関東平野を見たときは、おったまげたもの。こりゃあ北海道かアメリカじゃないのかと思った。山がないじゃないか。どこまでいっても水田が広がっている。地元では見ない大きさのトラクターがその中を耕していく。農業で生計を立てるとはこういうことなのだなと思った。

だから、父がもう農地を手放したいなら受け入れてあげなければならないと思っていた。今までサラリーマンもしながらよくがんばってくれた。これからは好きに旅をして、家でのんびりしてくれたらいい。そうだ、早く引退してくれたらいい。私たち下の世代に受け継がせてほしい。教えてほしい。父が思っているよりもずっと子どもたちは農業に興味があるのだ。私たちは自分で作った作物を自分で食べたい。余った分だけ友人に買ってもらって、それでいいんだけどなあ。

四国山脈に囲まれた地元の段々畑や棚田が好きだ。山が近くいつも小川から清水が流れるからこそおいしい米が育つ。夏でも昼夜の寒暖差が生まれるから、いい米ができるんだと母が教えてくれた。祖父が言っていたそうだ。ちなみに母は銀行員の娘で農業なんて全くしたことがなかった。

「大丈夫、農家といってもちょびっとしかしとらんのですよ」

と祖母にそそのかされ嫁《とつ》いでみれば、なかなかに農地が多くてびっくりしたそうだ。けれど農業初の母にとって野菜や米を育てることは新鮮で楽しいものだった。毎年、いろんなことを実験して、育てるのが段々と上手になっていく。農薬や除草剤なしで育てるのは大変だけれど年々腕が上がっておいしくなっていくのが嬉《うれ》しいと言う。「年に一回しか実験できない真剣勝負だからこそおもしろい」とも。父とは逆にお百姓が性に合っていたのだ。今も毎日畑に出ていろんな野菜を育てている。そういう母に育てられたから私たち三人姉妹も農が好きだ。

「子どもといっしょでな、最初さえ手をかけてあげとけば、あとは真《ま》っ直《す》ぐ育つんよ」

と母は言っていた。


一晩寝て目が覚めても、やっぱりあの田んぼが太陽光パネルになるのは納得できない。数軒分合わせて全部で二反。小学校の運動場くらいの農地……。

よし！　私が、全部まとめて土地を買い取ろう。取りまとめをしている人に、みんなで売ると話をつけたそうで、役所で書類をもらってきてほしいと各家に昨日お知らせもあったそうだ。みんなもう書類取りに行っただろうか。考える時間がなさすぎる。私、血迷ってる？　時代の流れ的には血迷ってるよな。すぐ近所に広まって、まーた高橋さんとこの次女が混ぜくり返してからにって言われるよな。あの子変わっとるけんなあって。

私は頭がショート寸前になるまで、一人で考えまくっていた。（畑買う、父ブチ切れる。ケンカ勃発《ぼっぱつ》。というか他の人をどうやって説得する？　それに取りまとめをしているドンの顔に泥塗ることになる＝父の顔にも泥塗ることになる？　一人ずつ説得するとか死ぬほど大変ちゃう？　相当面倒くさい。やっぱ、やめとく？　でも絶対一生後悔する。この面倒くささとどっちがまし？　うーん、死ぬほどめんどい方がまし！　やって駄目なら諦めもつくよな）という思考回路でだいぶまとまってきた。とりあえず妹に相談する。

「ええええ！　やめときなやー。なんでそこまでするん？　お父さんが売る言いよんやけん放っておきなよ。もう私は別のとこに土地借りるし」

「でもな、大阪の台風やこないだの千葉の台風でも、太陽光パネルが飛んだり燃えたりすごい被害が出とるのは知ってるだろ？　それに□□ちゃんち、家建ったばっかりやのに太陽光パネルに囲まれるで」

そう、最近家を建てた小学校時代の後輩がいて、そこをぐるりとパネルが囲うことになるのは一目瞭然《りょうぜん》だった。

「まあなあ。でもそれは本人が反対してないんやから、しょうがないやん」

「いや……でもな、子どももおるし絶対良くない思うけどなあ」

言いながら、全部建前だと思った。

私はやっぱり祖父母と過ごした思い出の地がパネルになってしまうのが嫌で嫌で仕方なかったのだ。全部私の我儘《わがまま》なんだと思った。それが分かったら逆にすっきりした。私は私のために土地を買おう。あの美しい風景の二反分がパネルにならない方法を考えたい。そのために協力してもらえないかと母と妹にお願いする。

「お断り！」と母も妹も言った。東京に帰れる人はいいけど、ここで毎日父と顔を合わせるんだから、と。ごもっともだ。「それに土地だってパネル業者が買い取るという値段くらいでは買わないとみんな納得しないんじゃないの？」と言われて、そうだよねえ……そんなに甘くないねえと再び頭を抱えた。

高校の英語の教科書で、ピーターラビットの作者ビアトリクス・ポターが、生まれ育ったイギリスの湖水地方を守るために絵本やグッズの印税でどんどん草原を買い取っていると読んだことがあり、私も将来そういう人になれたらいいなあと憧れながら生きてきた。大人になって文を書く仕事をするようになり、絵本を作ったり海外絵本の翻訳もするようになった。ピーターラビットほどのベストセラーはないし、私に入ってくる印税は価格の数パーセントで微々たる金額であるが、かき集めたら農地を買えなくもない。

いや、大変なのは買った後だ。荒れ放題ダメ。ゼッタイ。なこの町で、放置しておくわけにはいかない。最低でも草刈りをちゃんとしなきゃ。愛媛と東京の二拠点を行ったり来たりしている私が毎日管理するのは難しい。うーむ。どうすべきか。

私の頭にぱっと若者二人の顔が思い浮かんだ。二〇一八年夏の西日本豪雨のときに、被害の大きかった宇和島《うわじま》市吉田町の友人のみかん農園の手伝いにいくとＳＮＳにあげたら

「一緒に行きたい」と名乗りをあげてくれた二十代の子たちだった。一人はおじいちゃんのお手伝いで農業をしていると言っていた。もう一人は未経験者だと言っていたが、いやいや、それこそが狙《ねら》い目、母と同じく農業未経験者だからこそ新鮮な気持ちで楽しんでくれるんじゃないか。

吉田で彼女らと一緒に働いてみて、とても誠実で働き者であることも分かっていた。さっそく連絡し、事情を説明すると、「楽しそう！　お手伝いしてみたいです！」と返ってきた。四面楚歌《しめんそか》の状況で、この助け舟は本当に嬉しかった。

私も二カ月に一回、農繁期は月一で帰って二週間は手伝っているけど、もっと愛媛にいる時間を増やして畑に専念してみたい。夫に電話して農地のことを話す。大笑いしている。

「いいんじゃないの。やってみればいいと思うよ」

馬鹿だよなーって二人して笑って、少しほっとしていた。ここまで来ると、母も笑っている。妹もしゃあないなあと乗ってきてくれた。よし決まった！　明日の朝、土地の所有者みんなを説得しにいこう。

どんでん返し

二〇一九年、十一月某日《ぼうじつ》。私は朝から慌てていた。今日は金曜日、明日から役所がお休みになるので、きっとみんな土地を売買するための必要書類を取りに行くだろうと思うのだ。母にも妹にも一緒に説得に行ってほしいと頼んだが、言い出したからには自分で突破口を開けと言われ、一人で土地所有者の家に行くことになった。

ドキドキしながら、まずは隣の畑のU子さんのところへ。勝手口の方で声がするなと思ったらお孫さんと外で遊んでいる様子。U子さんとはご近所なので、ときどき道でも会う。我が家と同じくいろんなところに田畑があって少しでも減らしたいというのは聞いたことがあった。

「あら、久美ちゃん帰ってたん?　どうしたん?」

「あのう……田んぼが太陽光パネルになるって聞いて」

「そうそう。決まったみたいね」

太陽光パネルが台風のときにどのような被害をもたらしたかという話をやんわりとしてみると、U子さんも、実は少し気になっていたのだと言う。もっともパネルから家が近いのもU子さんや娘さんの家なのだ。だけれど、近所みんなで決まったことだから反対するわけにはいかないという思いがあったみたいだ。足並みを揃えることが大切だというのは痛いほど分かる。

「そりゃ、そのまま農地を維持してくれる人がいるならその方がいいけどねえ」

あれ？　なに？　なんだと？？？　ついに本音がきましたぞ！

「ええ！　ほんとに？　私、私に農地売ってもらえませんか？」

U子さんは、おまえさん気は確かか？　という顔をしている。

「ええ？　遅いわ久美ちゃん。もうちょっと早く言うてくれとったら良かったのに。もう決まってしまったから、やめるというのはちょっと無理なことと思うよ」

足元に群がるU子さんの孫たちが私を焦《あせ》らせる。

「ですよねえ……でも、残したい気持ちはあるんですよねえ。だったら（ドンの）K太さんに話してみるんで、それでいいって言ったら、私に買わせてもらえますか？」

「うーん。まあねえ。でも決まったものをひっくり返すっていうのは、ご近所の関係もあるからやめといた方がいいと思うわ」

そりゃそうだよねえ。もっともな意見だよ。

「でも、とりあえず、役所に書類をもらいにいくのはストップしとってもらっていいですか？」

「うんうん、分かった。でも、ちょっと遅いと思うなあ」

と繰り返す声を遮《さえぎ》って、

「じゃあ、またどうなったか話しに来ますねー」

そう言って、子どもたちに手を振って、次はSばあちゃんのところへ走る。このおばあちゃんには元々野菜やぶどうを作るために土地を借りていたので、優しい人柄を知っていた。事情を説明すると、

「ふんふん、分かったよ。書類を取りに行こうとしてたとこ。私はみんなのするようにしますからね。とにかく、私の家は土地があっちこっちにたくさんあってね。子どもたちに迷惑をかけんように、今どんどんとパネルの業者さんに売っているんです」

と言った。みんな同じ状況だなあ。Sばあちゃんの家は我が家よりもまだまだ農地を持っていて、すでに何カ所もパネルにしたと聞いた。旦那さんも数年前に亡くなり、子どもたちはみんな家を出てしまって一人暮らしをされている。それでも、今もできる範囲で農業をがんばっているスーパーウーマンで、私も母も妹も大尊敬している人物だ。

Sばあちゃんの言う「できる範囲」はとんでもなく広い。小さい体で、二反はある田畑で野菜や米を作り、山にはハナシバを育ててお店に出荷している。信じられないパワフルさ。トラクターも軽トラも乗りこなす。何よりも、話していて農業が好きなんだというのが伝わるのが素敵だ。けれど、責任感も人一倍強い方なのだと思う。荒らして近所に迷惑をかける前に自分の手で始末をつけないといけないと語気を強めた。

「久美子ちゃん、ようにお父さんと話し合ってみなさいね。土のまま残せるんだったらそれはその方がいいんだからね」

そう言ってくれて、じんわりと温かいものがこみ上げてきた。

そのままのものなんて何一つない。人はいつかは土に還《かえ》り、家は朽《く》ち、そうなると管理のできない土地は次々に太陽光パネルになっていくのだろう。そもそも土地は地球の持ち物で、地球に返すべきなんじゃないのか。などと考えてしまう私はガキだ、いや皆から見ると高橋さん家の次女はもはや地球外生命体だろう。でも、もし移住先を選ぶとき、果たしてあの黒いパネルの乱立する田舎に引っ越したいと思うだろうか。今の価値観が二十年後も続くだろうか。百年後の人間は帰農していたりしないだろうか。

新型コロナウイルスで経済的にも大きな痛手を負い、世界を含めまだこれからどうなるのかも分からない状況だ。外出できず東京で息を潜《ひそ》めて暮らしていると妹から米や野菜、柑橘《かんきつ》が届き、鶏を育てている方からは卵をいただいた。私は農のすごさ、ありがたさを思い知った。スーパーにもし食べるものがなくなったとしても、この人たちは生きていける。その方法を知っている。戦中、米や芋に替えてほしいと着物を持って市街地の人がよく訪ねてきたという話も祖母から聞いたことがあった。やっぱり農地は残しておくべきだ。生きる上での根源であると思った。

新聞やテレビの討論会等でエネルギー政策について語られるとき、必ず今と同じだけの電力をまかなうことを前提として考えられることに違和感をおぼえる。「使う量を減らそう」とはならない。皆でもっと節電したら減らせるんじゃないかな。自然とともに暮らす道を選んだ妹や友人がいる一方で、世の中的には経済活動の勢いを落とすという方向へシフトチェンジする気配はないようだ。

帰って父に、みんな本当はそのままにしておきたかったようだと言った。Sばあちゃんの言うように分かり合えないのは承知の上で気持ちを伝えた。若い二人が農業に乗り気であること、妹も入れて四人で水田をやってみたいので農機具を使わせてもらえないかということも。「農業未経験者にできるはずがないだろう」「農業をなめとんか」「なんにも知らんくせに」ざっぱーーんと、荒波が襲来する。なんとでも言うてくれ。でも、二人は言うたよ。「できるならそのままがええ」と。父は不機嫌そうに「一晩考える」と言って、どこかへ行ってしまった。

数日後の夕方、

「K太さんのところへ謝りに行くぞ」

と、父が言った。きっと母が説得してくれたに違いない。すでに契約をしてしまっているかもしれず、そのときは諦めること、とも言った。私たちは菓子折りを持ってK太さんの家に向かった。その道の途中には幼馴染《おさななじみ》の家があって、子どもの頃毎日のように通った。私と父と妹は間隔を置いて、何もしゃべらずに、ただてくてくと歩いた。集会所の錆《さ》びついた鉄棒脇を通り、もう誰も耕していない除草剤を撒かれて真っ赤に枯れた誰かの畑を眺めながら。寒々とした十一月の夕暮れだった。

K太さんは、木々がきっちりと剪定《せんてい》された庭で農機具を洗っているところだった。私は、挨拶をし、目を見て正直に気持ちを打ち明けてみた。二人はすでに賛同していることも言った。父と同い年くらいのK太さんは、うんうんと、黙って私の話を聞いてくれた。

「僕らの一反分はすでに申請したけど、U子さん、Sばあちゃん、高橋さんの一反分はまだしてないからね。そういうことなら、業者の方へ連絡して断っておくよ」

あまりにすんなりで拍子抜けしてしまった。お菓子も大丈夫だから持って帰りなさいと言う。人間は話してみないと分からないということが分かった。K太さんと話すのなんて初めてじゃないだろうか。ちょっと怖そうな人と勝手に思い込んでいたが、父の一〇〇倍優しかった。父は、この契約を破棄にするということは、近所の誰もを敵に回すようなことだと言っていたが、みんなきちんと話を聞いてくれたではないか。なんじゃらほい。お互いがお互いのことばかり気にして、臆病になっていたのかもしれない。一人が心を開けば、また一人が開くのかもしれないと思った。

K太さんに、台風の問題等について話してみると、

「そりゃあね、自然のままで残せるなら子どもたちのためにもいいと思う。ただね、地域の大半の人が後継者がおらんでしょう。スーパーへ行けばなんでも買える時代だし、土地を手放したいのが本音よ。今、農地を買いたい言う人はまずおらんじゃろなあ」

と言って笑った。そうですよねえ。

「だから、パネルにしよる人を悪いこととしているみたいには思わん方がええ。実際、政府も環境にやさしい方法と言って今推奨しているわけだからね。むしろ良いことだとみんな思っとるよ」

「もちろんです。悪いだなんてそんなことは思いませんよ。ただ想定できない災害があったとき二次災害が起こりかねないということと、あと、こないだ近所の子が、パネルの柵

の中に入って触ってしまったそうなんですが、ビリッてしたそうで」

「ええ？　そんなことなったたん。それは危ないなあ」

まだまだ太陽光パネルは未知な存在なのだと思う。いや、原発と同じようにほとんどの人が、何か起こらない限りその正体を知らずに人生を終えるのだろう。K太さんと、随分と長いこと話をした。会って、話をしてみることが何より大切だと思った。たとえ反対の意見同士だとしても、それでも目を見て話すことで、許し合えること、譲り合えることができてくるのだとも思った。


帰り道、三人は足取り軽くうきうきしていた。単純な親子である。

「ただいまー！　お母さん、K太さん、ええよって。業者に断っておいてくれるってー」

「えーすごい！　早いねえ、もうそんなことなったたん！　言うてみるもんじゃねえ」

父も心なしか諦めのついた顔をしている。改めて、何を育てることにしようかねえ。やっぱり道具も揃っているし米がいいだろうか？　と妹と話し合ってみる。できれば全部手植えにしてみたい。人手があれば、できるんじゃないかな。ただ、小川からの水を田に入れたり止めたりの、〝水かけ〟を毎日しないといけない。その良し悪しで米の味は決まる。それを妹に全部任せるのは忍《しの》びない。毎日の作業なので、田植え後は旅行に行くこともできない。一緒に作る青年たちは車で四十分くらい離れたところに住んでいるので、無理だろう。

「まあ、でもそれくらいなら私がやれると思うよ」

と妹が言ってくれた。きっと楽しいことに人は集まる。そういう場所にしていきたい。

そして、早速、米作りのいろはを父が若者たちに教えてくれることになった。かなりいい流れです。日程を決めて、青年二人が我が家へ打ち合わせに来ることになった。

実家周辺の景色

久美子の乱

第2章

第2ラウンド

輝く若者たち

あの父がついに折れそうだ。あれだけおまえらに農業などできるはずがないと言っていたのに隣町の若い衆がやる気になっていると言った途端に、ちょっと嬉しそうじゃないか。でも、妹はまだ父を疑っている。

「いやあ、久美ちゃん甘いわ〜。すんなりこれで分かったってなると思いよるん？　甘いわ〜。嫌な予感しかせんわ」

妹は私と価値観の方向性は一緒だが、進み方が全く違う。彼女は石橋を叩《たた》いて渡るタイプ。私はお麩《ふ》でできた橋でも試しに渡ってみるタイプ。やらぬ後悔よりやって後悔の精神でこれまで生きてきた。何度も痛い目に遭《あ》ってきたし、人にも迷惑をかけてきたが、実際に行動してみることでしか開かれない扉もあると知った。

「こんばんは〜」と、シティーガール＆ボーイがやってきた。彼女らの街は、家から峠を越えて車で四十分ほど走った、ミスタードーナツもマクドナルドもユニクロもイオンもある、天気予報の地図に名前が出る街だ。小学生の頃は、友だちと電車に乗ってドキドキしながら遊びに行った、私にとって初めての都会だ。そしてこの二人、恋人同士である。

妹が小声で言った。

「もしもよ、もしも二人が別れたら、ほんで久美ちゃんも東京から忙しいて帰ってこんようになったら、どうするん。私一人でせないかん。お父さんブチ切れるで」

妹は、中学生の頃からテスト前は必ず朝六時に起きて勉強していた。私は、絶対に六時に起こしてなと言って先に寝て、一度も起きたためしはなかった。

「もしもよ、もしも二人が結婚して、子どもできたらどうするん。田んぼなんかできんなるやん？」

と、姉も子どもの髪をくくりながら心配している。

「まあなあ。そんときゃそんときでいいやん！」

姉と妹は深い溜め息をついている。

仕事終わりの夜七時、四国名菓の一六《いちろく》タルトを持って二人がやってきた。保育士さんをしている奈津美ちゃんは私より一回り年下の二十六歳。笑顔が可愛《かわい》く、小柄だがよく働きよく気がつく賢さがある女性だ。なんとバンドでギターボーカルを担当していて、畑で長靴のままアコギをかき鳴らし歌うロックな姿もいいのだ。同い年の彼〝ゾエ〟は、地元企業で働きつつ、休みの日にはおじいちゃんの田畑の手伝いをする優しき若手のホープ。父にも、ゾエの話をしたから信用してくれているところがあるのだ。農機具もある程度は触れるし、基本的なことは知っているのでいろいろと相談もできそう。力仕事も多いので男手があるのは心強い。

二人ともまじめな青年であることは昨年夏のボランティアで分かっていた。二〇一八年夏の西日本豪雨で愛媛県も大きな被害を受けた。私たちの住む東予地域は大丈夫だったのだが、南予の特にみかんの里である宇和島市吉田町が土砂崩れにより大きな被害を受けた。我が家も小さなみかん農家であるが、やはり吉田はみかんの本場、作っている量が違う。みかんだけで食べている農家がほとんどという、県内でも一目置かれる存在だ。それだけに、山と一緒になぎ倒しにされたみかんの木を見たとき、胸が痛いだけでなく、これは大変な損害だと思った。果実は今年植えて来年とれるものではないからだ。

二週間後、私は吉田町の奥南《おくな》という、湾に囲まれた奥地に住む友人の空き家に泊めてもらって、早生《わせ》みかんの摘果《てつか》の手伝いに行った。土砂かきは、ぶっ倒れて迷惑をかけるだけだろうけれど、摘果なら慣れているのでまかせてくれ。

木々にはまだ青いみかんが鈴なりだった。普通なら実が大きくなる前の七月頭には終えてしまうが、土砂災害に遭った人の家の片づけや、みかん山へ入るための道の土砂かきが優先され、全く摘果できていない状況だという。

断水によりスプリンクラーから水が出ないので、果実は弾力を失い枝はうなだれていた。密集しているところの実をはさみで切り落とす。急斜面を青いピンポン玉が転がっていく。炎天下での作業は重労働でもないのに、じりじりと体力を奪う。友人の小学生の娘さんと二人で、とってもとっても焼け石に水というほどに広大なみかん山。それに油断すると転がって海にぽちゃんと落ちてしまいそうな急斜面。

そんな様子をFacebookにアップしていると、奈津美ちゃんからメッセージが来た。「私もお手伝いさせてもらえませんか？」

私のイベントで数回会っただけで、私たちはまだ知り合いというほどではなかった。それなのに、「いいね！」だけでなく、実際に一緒に行くと言ってくれたことが嬉しかった。

「本当!?　じゃあ次は一緒に行こう！」

また一週間ほどして、吉田へ手伝いに行くことになった。私はその前日、同じように大きな被害があった大洲《おおず》市でのチャリティーイベントに参加しており、朝、通り道である大洲に奈津美ちゃんたちが車で迎えに来てくれた。同じ県内でも、私たちの住む東予と吉田は端と端。実は神戸に行くのと同じくらい時間がかかる。同じ県でも文化や言葉が違うことも行くようになって分かったことで、近くて遠かった南予が一気に身近になってきた。

奈津美ちゃんのお姉ちゃんが後部席に座って、助手席に奈津美ちゃん。そして、運転席のこのガッチリした男性はどなた？

「高校時代の同級生で、最近友だちになって、誘ったら一緒に来てくれました」

ほー。この男なっちゃんに惚《ほ》れてんなという直感は当たった。これがゾエだった。ということは、私って恋のキューピッドなんじゃないでしょうか？　ふふふ。

トランクにはたくさんの水や日用品、ウエットティッシュが積まれている。みんなへの差し入れだという。若いのに、なんとしっかりした子たちだろう。いや、むしろ若いからこそのエネルギーに満ち溢《あふ》れて、謙虚なのに覇気《はき》のある子たちだった。長靴に帽子、軍手、完璧な出《い》で立《た》ち。あれ、シャベル？

「はい。そのまま翌日は土砂かきに行ってきます！」

事前にボランティア登録もしているという。すげえ。この若者すげえぞ。Tシャツを見ると「幡ヶ谷再生大学」と書かれている。おや？　奈津美ちゃん、あなたはBRAHMANのTOSHI-LOWさんたちのイズムを受け継いでいるのですね。

幡ヶ谷再生大学とは、二〇〇六年に仲間内のサークルとして始まった団体で、二〇一一年の東日本大震災発生後は「復興再生部」が発足。率先して被災地のボランティア活動等を行うのをメディアで目にするようになった。実際、何かしたいけどどう動いたらよいか分からない人は多かったはずだ。そんな人々の力を活かせるすばらしい部活だなと思った。二〇一一年以降も、各地で発生した自然災害の支援活動を続けていて、愛媛でも、その種は芽を出していたのだ。私は胸が熱くなった。若い彼女らの心意気は、ちゃんと先輩が伝えたものだった。そんな彼女らに助けられているということ。伝えるということは大事だと思った。

四人で黙々と摘果を進める。あんなに広大で、にっちもさっちもいかなかったみかん畑も、少しはお手伝いと言えるくらいにはなったのかなと思う。その後も奥南のみなさんとの交流は続いており、私が行けないときも彼女たちがイベントなどに参加してるのをSNSで見かける。いい人といい人が出会っていくのには理由があるんだと思う。

それから三回目くらいに会ったら二人は付き合うことになっていた。ほれみろ、思った通り。ベストカップルじゃないか。そんな二人が家に来て、父とご対面である。

「ゾエくんは農業はしたことあるんだって？」

「はい、祖父の米作りを手伝っていて、機械も使ってます」

「ほー。おじいさん何歳？」

「八十五歳です。なので実際は僕が中心になって。でも、采配を振るのはどうしても祖父になりますよね。やっぱり、自分の譲れない部分がありますもんね。そこは喧嘩にならないように祖父の言うようにやってますね」

「やっぱり、どこも同じですねえ。長年の自分のやり方はなかなか譲れないんですかねえ」

と母が笑った。ちらっと父を見ている。

「そう、じゃあ大方は自分でやれるんですね？」

と父。

「まあ、ある程度は分かると思うんですけどね」

よしよし！　最終面接まで残っているぞ。食いついていけ。

「じゃあ、いつ頃草刈りをするとか、そういう日程を決めとこか」

ゾエの熱弁により、私たちは父の壁を突破した。そして実際に、二月にトラクターで耕すとか、四月頭に行われる井出上げにも、地域の人に混ざって参加する事が決まっていった。井出上げとは、田んぼに水を引く水路周辺の草を刈ったり、半年の間にたまった土砂や落ち葉などをさらう作業で、山の上の源流から全てやらないといけないので、なかなかの労力がかかるのだそうだ。昔は十数軒でやっていたけれど、今は米を作る人が減って三軒ばかり。想像するだけで大変だ。私たちも田植えや稲刈りはするけど、結局こういうことは祖父や父に任せていたんだなと反省したのだった。

夜道を歩いて、実際にみんなで土地を見に行ってみる。思った以上に広い。全面手植えでやりたいと豪語していたが、やっぱり今年は手植えは一区画だけにしよう。

裏の竹やぶには猿がいっぱい棲《す》んでいて、収穫時期になるとみんなでいたずらしにやってくる。実際妹と育てていたぶどうも全部食べられたし、畑の野菜も網をしてないと全滅。米も手で稲穂を削ぎ落として遊ぶのだ。

猪《いのしし》は泥だらけになるのが好きなので、田んぼにダイブして暴れまわる。そうなると、ぐちゃぐちゃになるだけではない。猪の獣臭はとんでもなくキツくて、米にまで匂いが移って食べられなくなることもある。もちろん売り物にもならない。なので収穫前にはぐるりと柵を張らなくてはいけない。その柵を買ったりいろいろ経費もかかってきそうだ。

U子さん家の田んぼの石垣は、ぐらぐらしているところが何カ所もあるんだと父が教えてくれた。本当だ。これ、大雨で崩れたら私が責任をもって直すことになるのかな。水路の土手も崩れそうなところがたくさんあった。

ふと、私の田んぼとなる四区画の隣を見る。ここはK太さんがすでにパネル業者と契約を結んでしまったという一反である。ん？　待てよ。私は重大な見落としをしていた。ここに南向きにパネルが並ぶと言っていた。ということは、私たちの田んぼに向かって立てられるということで、もしかして熱射地獄じゃないのか？

「ここに水路があって、ここで水を止めると下に流れていくからな」

「ほうほう、なるほど」

父がゾエに話しているが、私は全く話が入ってこなくなってきた。夜は気温が下がるからおいしい米ができると祖父も母も言っていたけれど、夜になっても冷えないのではないか。最近のパネルはそんなことにはならないと聞いたけど、隣から常に一〇〇枚余りのパネルに照らされていたら、多少なりともお米のできに影響してくるのではないか？　私はそれ以降、風呂に入っても横になっても隣のパネルのことが気になって、そわそわしはじめた。

翌日、いても立ってもいられずK太さんの家に行った。

「あのう、K太さんとT助さんのところの一反も、私に売ってもらえないですか？」

「いやあ、もうこっちは先に約束してしもうて書類も渡しているからね。それに仲介してくれてる人との関係性があるけんねえ」

「私も一緒にその人のところに謝りにいきます。駄目だったら諦めます」

「はっはっは。うーん、じゃあまずはT助さんに聞かないといけない。でも今はこっちには住んでないからね。会って話せるときじゃないと。それとお父さん。お父さん怒るんじゃないの？　だって一番土地売りたがってたのはお父さんだよ。そこへきて娘さんが真逆のこと言ってさらに土地を増やすっていうのはねえ。この土地で暮らすということは、僕はお父さんとの関係の方が大事なんよね、分かるかな。だからお父さんが納得しないことはできないなあ」

「そうですよね。じゃあ、父と話しておきます。お正月帰ったときにまた来ます」

父がうんと言ってくれるはずはない。私はもう大人だ。父も大人だ。父のテリトリーに踏み込むなということなのだ。だが、私のふるさとでもある。ここに住む子どもたちのふるさとにもなる。一難去ってまた一難だった。

東京へ帰る前にU子さんのところへ行った。話し合いの結果、U子さんとSばあちゃんの土地を私が買うことになりそうだと報告した。

「でも久美ちゃん本当に大丈夫？　土地を買うって、一生責任を持たないといかんいうことなんよ？　みんな手放したいって言いよるときに、本当に買ってしまって大丈夫？　それが将来とても重いことになるんじゃないかな？　やっぱりいらんってなったとき、お父さんも困るんじゃないかな。そう思って反対しよるんだと思うよ。久美ちゃんが将来頭抱えるんじゃないかと思って私も心配。だからひとまず、うちの土地は貸すことにするよ」

みんなでやっていけばなんとかなるだろう、と思っているのは私だけみたいだ。そんなに大変なことなのかと思うと怖くなってきた。

でも若者たちのキラキラした目を思い出すと、進んでみるしかなかった。そうでないと後悔することだけが、今私に分かることだった。

三十七歳の反抗期

ゾエの出現により、父はすっかり機嫌を直していた。当初は「買うならおまえの名義で買えよ！」と言っていたのに、父の名義でもいいとまで言ってくれている。なぜ父の名義で買うのかというと、基本的に、すでに農地を持っている人しか農地を買うことができないからだ。

この辺りの地域だと昔は五反以上農地を持っていないと買えなかった（今は三反以上らしい）ので、農業をしたい人は、まずは借りることからのスタートとなる。結局、農家を土地にしばりつけている法律だと父は言っていた。もう少し気軽に売買できたら、これだけ荒れ地になることもないと思うが、そうなればなったで、いろいろな問題が出てくるのも想像できた。

詳しい方に聞いたり調べたりして、農地として買えないなら宅地として買うしかないと当時の私は考えていた。そのためには農地をまず宅地に転用する、いわゆる「農転」の手続きが必要だ(場所によっては農転できない農振地〈農業振興地域〉もあり、我が家も持っている)。

つまり、家を建てられる土地なのに農地として使うという、とてももったいないことをしなくてはいけない(でも本当はそれも違法ということを後で知る)。そして宅地は農地の数十倍の固定資産税がかかってくる。農地の場合は一年に数百円ですむ税金が、宅地になった途端に数万円になるともK太さんに聞いた。父やK太さんが言うには宅地にするための司法書士への手数料が一〇万以上と、一年に宅地の税金が四区画合わせて二〇万くらいはかかるだろうということだった。

それが、父の名義で農地として買った場合は、名義変更の手続きの手数料等は同じようにかかるが、毎年の固定資産税は全部合わせても一万円以内で収まるのではないかとのことだった。土地は地球のものだと思っている私にとってはもはや意味不明の世界だが、毎年の税金を考えるとこれはもう頼み込んで父の名義で買うしかない。

私の気がかりなことは、K太さんたちの土地に太陽光パネルが設置されるかどうかだったが、結局そのことは父と話し合えないまま、東京に帰った。

事件はその数日後に起こった。夕方から東京ミッドタウン日比谷で打ち合わせがあり、その前に資料をもう一度整理しようと、ミッドタウン内のカフェでお茶を飲みながら目を通していたときだった。テーブルの上の携帯が震えている。画面を見ると、二年に一回しかかかってこない名前が。父だ。恐る恐る電話に出ると、

「久美子、こないだの田んぼの話じゃけど、おいちゃんが土地を増やすやか言うて、そんな馬鹿なことする奴には絶対に農機具を貸さんと言いよるから、やっぱりなしにしてな」

お、親父よ！！！

「は？　何いうとるん？　こないだみんなといつ耕すかとか打ち合わせもしたやん。土地もみんなで見にいったろ？　今さら何ゆうとるんよ」

「おまえらは、甘いゆうておいちゃんも言いよったぞ。できるわけない言うて。東京におる人を信用しろと言ってもそりゃあ無理じゃわ。ほんとにやるなら、こっちに移住して覚悟決めてやれ。とにかく農機具は貸さんから」

「おいちゃん」とは、近所に住む父の弟である。この二人、マリオブラザーズみたいにそっくりで、一心同体の兄弟なのだ。弟のルイージが言うことは絶対である。

小さい頃、いつも叔父に耳掃除をしてもらっていた。叔父の膝に頭を乗せて、内耳がかゆくてかゆくて笑いながら。耳掃除をしてくれる人は叔父と決まっていた。そのくらいずっと心の許せる人だった。生意気は言うが、基本は素直な子どもだった私が、大人になっ

て東京で暮らしはじめ、一丁前に自分の意見を持つようになって、そういうのが全部可愛げなく映っていたのかもしれない。

「いやいや、農機具ってほとんどおじいちゃんが買《こ》うたやつじゃろ？　納屋だっておじいちゃんが建てたんじゃないん？　そしたら私らにも使う権利あるんやないん？」

「いや、おいちゃんと二人で農業しとるからな、お父さんだけでは決められんことなんよ。これでおいちゃんがもう手伝ってくれんようになったら、困るのはわしじゃけんな」

「今言うのは遅いわー。ほんなら私からおいちゃんに電話するわ」

「やめろ、またややこしいなるやろが！」

はっ！　気がついたら、みんなが私を見ている。まずい、ここがミッドタウンであることを忘れていた。伊予弁丸出しでしゃべっていた。

「またつべこべ言うて。いかんもんはいかん！」

そう言って電話が切れた。ぽかーん。まだ小学五年生だと思っているのだ、父は。私はもうとっくに大人だ。それも、立派なおばさんの域に達している。私はミッドタウンで農地の喧嘩をしているという、ちぐはぐさが情けなかった。

　私の今やっている二拠点定住が父から見れば信用に欠けることも、よく分かる。東京を去ることができないのは、仕事の打ち合わせがとか、夫の仕事の関係でというだけではないのだ。地元に比べると、東京は多様性を認めてもらえる自由な都市で、ある意味暮らしやすかった。でも、それが父や叔父が言う甘さなのだろう。きっぱりと、何かに別れを告げて手に入れなければならないのかもしれない。まだ決めきれなかった。どうにか気持ちを切り替えて打ち合わせに向かった。

正月、愛媛に帰ると、母がぐったりしている。随分とマリオブラザーズにやり込められているらしかった。この状況でK太さんの土地に関して父と和解することは難しかった。K太さんのところへ行って、やっぱり追加で土地を買うのはなしにしてもらった。K太さんは、やっぱりなという顔で苦笑いしながら、

「お父さんの次は叔父さんじゃね？　はっはっは。叔父さんの気持ちもよく分かる。それが普通の考えよ。まあ、U子さんらの方の一反分は、もうパネル業者との契約も切ったのだからちゃんと買ってあげなよ。正月明けにも農業振興課へ行ってくるといいよ」

と言って、税金のことなどを教えてくれた。家に帰ってからも、もんもんとしていた。

私、一生後悔するんだろうな。

お雑煮を作りながら母が言った。

「久美子は反抗期がなかっただろ。お姉ちゃんも、M子もなかなかすごかったのになあ。

いつ来るんだろいつ来るんだろと思いよったのに、いつも機嫌ようて、とうとう一回も反抗期なかった。そうじゃからな、三十七になってこれが初めての反抗期なんやけん、許してあげないうて、お父さんには言うたんよ。だまーっとったけどな」

私は、胸が詰まった。この年になってもまだ母にこんなことを言わせて。バカすぎる。私は学校が好きではなかったから、家がオアシスだったのだ。学校をズル休みしても笑って許してくれる家があったからやってこれた。だから、家族と一緒に過ごした場所を残したい気持ちが強すぎるのかもしれなかった。

「あんた一生後悔するわ。もう大人なんじゃから、自分で決めたらいい。お父さんのことはいいやん。自分のお金で買うんじゃからつべこべ言われる筋合いはない。K太さんとこもう一回行ってきたら？」

子も子ですから、親も親なんだ。私は再びK太さんの家へ行った。

チャイムを押すと、またかい！　とびっくりしている。

「やっぱり、買わせてください。もう気持ち変わりません」

「そう。もう大人だからね、自分の思うように生きるのも一つじゃわいね」

とK太さんも言った。

「その代わり、パネル業者が譲ってくれたらの話になるよ？　あちらと先に契約しとるからねえ」

「はい。もちろん、それでかまいません。本当にありがとうございます」

家に帰ると、妹と姉が呆《あき》れている。ほんまにすんません。


しかし、農機具を貸してもらえないとなると全部手植えにするのか。ミッドタウンでは、

「分かったよ、農協に借りて自分らでするよ」

と言ったものの、この際、別の作物を作る方が喧嘩の火種にならなくていいのではないかという話になった。私はふと祖父のことを思い出していた。

「ねえ、うちのみかん畑って昔はサトウキビ畑だったっておじいちゃん言いよったよね？」

確か、サトウキビ畑を開墾して戦後に流行《はや》りだしたみかんの木を植えたのだと祖父が子どもの頃に話してくれた。家のみかんや八朔《はっさく》の木はそのときに植えたものなので、六十五年くらい経っている。

「そうそう。じゃけん、黒砂糖作ってほしいって前から言うてただろう？」

と母が言った。

「ああ、確かに、あの懐かしい味を食べたいって言ってたなあ」

沖縄とか奄美大島を旅したとき黒砂糖を買ってよく母に送るのだが、「おいしいけどやっぱり子どもの頃食べた愛媛の砂糖とは違うなあ」と言っていた。

「お母さんが子どもの頃は地域ごとに製糖所があって、収穫したサトウキビを運んで搾《しぼ》って煮詰めて、自分で製糖しよったんよね。みんなサトウキビを作っとったように思うよ。砂糖ではなくてトロッとした蜜《みつ》のままで大きな瓶《かめ》に入れといて、スプーンですくって料理に使いよったわ。こっそり台所へいってはその蜜を舐《な》めてなあ。その味が忘れられんのよ」

母は、まるで狂言の「附子《ぶす》」に出てくる小坊主さんのように、うっとりとした顔で蜜の味を思い出している。

母の友だちが来たときに砂糖の話をしてみると、

「ああ、赤砂糖なあ」

と。なるほど、黒糖ではなく赤砂糖と言われるとしっくりくる。沖縄ほど日照時間が長くはないだろうから、黒ではなくて赤くらいの糖度なのかもしれない。

え！　まさかのサトウキビ⁇

もうこの甘くておいしい赤砂糖に囚われた女子の心は誰にも止められなかった。

「でも、サトウキビってどうやって搾るん、めちゃくちゃ硬いで？」

「あんなに甘いんだったら速攻猿に全部食べられるだろ」

「搾れてもそっからどうやって砂糖にするんだろ」

「何月に植えるんだ？」

妹と母との相談会は深夜まで続いた。なっちゃんに謝りのメールをした。

「ごめん。米ができんくなって、もしかしたらサトウキビになるかも……」

「サトウキビいいですね。農業できたらなんでもいいんで手伝いますよ！」

この子も反抗期なかったとみた！

あのう、農地を買いたいのですが

二〇二〇年正月、ぼんやりとだがサトウキビを育ててみようかなあという方向になった。前年ベトナムの屋台で、搾りたてのサトウキビジュースを母と妹と飲んだときの爽やかな甘さとライムの酸味。あまりにおいしくて、あのジュースを作りたいというドリームだけが先走っている。ネットで調べると、電動の搾り機は最安値でも三〇万。むむ……。手搾りの機械は五万。竹に似ているから硬いだろうなあ。

「みんなで交代で搾ったら手動でもなんとかなるじゃろ」

「まあ搾れたとして、どうやって煮詰める？」

「餅つきのときみたいに羽釜《はがま》に入れて下から焚き物くべたら、まあ一日ぐつぐつしたら砂糖らしくなっていくんじゃないのかなあ」

こんな塩梅《あんばい》であった。そんなことより、まずサトウキビの苗である。そして、そんなことよりまず土地の申請である。「誰か一緒に市役所に相談に行こうや」と言ったけど、母も妹も天気の良い日は自分たちの畑の世話をしなくてはいけない。春から秋にかけては在来種の金胡麻《きんごま》やハトムギ、豆類やサツマイモ、トマト、キュウリ、トウモロコシ等を。冬だと白菜やほうれん草、大根、春菊や水菜などなど数十種類を育てていた。豆類は乾かして保存し、米や麦と合わせて味噌《みそ》を仕込むし、春に山で採った野草は天日に干してお茶にする。そういう手仕事で年中くるくると動いている二人だ。

農家というより「お百姓」を目指していると妹は言う。作物はもちろん、味噌、梅干し、らっきょう漬け、ぬか漬け、ジャム、自分で育てたもので加工品を作り、それらをベースに食生活を送る。その土地から出た野菜くずで発酵堆肥を作り、再び畑に還す。雨の日は裁縫や編み物をして、自分の手で作ったものを身に纏《まと》う。これが私の幼い頃から見ていた家の日常だ。生活に関わる百のことができる人、お百姓。この時期は、柑橘類の最盛期でもあり、妹たちは、役所に行ってじっと話を聞いている暇などないのだった。

私は一人、車を走らせ市街地へ向かった。新設された市庁舎は、木が多く使われ、白を基調にした明るくてモダンな建物で、都会のオフィスビルみたいだ。自動ドアを入ってすぐの総合案内のお姉さんのところに行ってみる。

「どうされましたか？」

「あのう、農地を買いたいのですが」

受付の二人は顔を見合わせた。

「農地を、買いたいのですか？」

ＡＩロボットみたいに繰り返す。そして内線でどこかに電話しはじめた。私は慌てて、

「いや、ごめんなさい。もう買う予定の農地はあって名義変更の手続きをしたいんです」

と言った。二人は受話器を置いてまた顔を見合わせる。どう見ても農業をしなそうな女性が、一人で農地を買いたいと言ったことが怪しさ満点に映ったと思われる。そして、また電話をかけ始める。私はじわーっと脇汗をかいていることに気づいた。お姉さんがつやつやの髪の毛を耳にかけながら受話器を置き、クリアファイルからコピーされた地図を取り出した。

「マクドナルド分かりますー？」

「あの、分からないです。こっちに住んでなくて」

「え、こっちに住んでないんですか？」

「え、あ、はい……」

ますます怪しいと思われとる。町が合併した頃に進学で県外へ出たので、実家に近い旧役場辺りしか自信がない。何より、実家に帰ってきても畑か山にしか行かないので、中心

街には来ることがないのだった。

「じゃあ、この地図あげますね。この農業振興センターという建物へ行ってください」

お姉さんは地図に線を引きながら丁寧に道を教えてくれた。なんと、農業振興課はこの綺麗な建物の中には入っておらず、単独で海沿いにあるらしい。私はお礼を言って市役所を出、再び車に乗る。無事マクドナルドを通過し、海を目指す。


風の吹きすさぶ海沿いの広場に農業振興センターはあった。駐車場だけがただただ広かった。高校時代の部活の合宿所を思い出す、レトロで頑丈なコンクリートの建物。嫌いじゃない、この佇《たたず》まい。ガラスの扉を押して中に入ると、目の前にはいきなり「会議室」と書かれた部屋が出現。電気がついているので話し合いが行われているのか、はたまたこの会議室が農業振興課として使われているのか。

見回しても受付も案内所もないのを見ると、一見《いちげん》さんはまず来ないところなのだろう。閉鎖的な匂いがぷんぷんする。私は、数分間辺りをうろうろしたが会議室のドアを開ける勇気が出ず、とりあえず階段を上ってみることにした。すると左手にまたドアがある。上半分のガラス面から中を覗《のぞ》くと役場っぽい形態になっている。良かった、こっちが正解だ。

「こんにちはー」

小さめの挨拶とともにドアを開けるとジャージを着た男性たちが、こちらを見る。こ、これは職員室やないか。紛《まぎ》れもなく高校の職員室を広くしたやつだ。六列ほど並んだ机には、体格の良い体育教師風の男性たちが二〇名ほど座っている。それと垂直に、入り口からまっすぐに作業机を並べただけのカウンターがあって、ここが窓口のようだ。中央の石油ストーブが懐かしい香りを放っている。

「あのう……」

「え？　何か？」

明らかに間違って来てしまったと思われている。白いシャツにチョッキの男性が本式ではない顔でカウンターにやってきた。他の人もきょろきょろとこちらを見ている。

「あのう、農地を買いたいんですが」

「は？　え？」

職員がいっせいに私を見た。良かった、知っている人はいなそうだ。土地を買っているなんて分かると、すぐ変な噂《うわさ》になるから、なるべく知人には知られたくない。

「畑をしようと思っていまして、それで近所の人の農地を買おうと思っています」

チョッキの男性は他の職員と顔を見合わせて、こそこそ話している。

「えーと、ちょっとこちらにお座りください」

「はい」

遠くの席の人も、ちらちらこっちを見ている。こりゃ長くなるだろうなあ、と後ろの椅子にリュックを下ろしたとき、

「あれれ？　久美ちゃん？　久しぶり～」

「せ、先輩……」

隣の準備室らしきところから出てきた女性は高校の吹奏楽部の先輩だった。

「私、市役所で働いてて、今度ここに替わったんよね。久美ちゃんは？」

「えっと、はあ、まあ、ちょっと……」

空気を察したのか先輩は笑顔のまま、すっと自分の席に戻っていった。むしろ先輩が担当だったら良かったかも。私は、手強そうなチョッキのおじさんにことの経緯を説明する。

「あのね、ご存じかもしれませんが、農地を買うにはすでに三反以上の農地を持っている必要があるんですよ。ですから無理かと思いますねえ」

「はい、知ってます。私は自分の農地は持ってないから買えないってことですよね。でも、農転させて宅地にしたら買えますよね」

「はあ？　宅地として買って、あなたそこに家を建てるんですか？」

「いいえ、建てません。畑として使います。宅地の方が固定資産税が何倍も高いことは承知の上です。でも、どうしてもこの土地を買いたいんです」

チョッキの男性は、呆れた顔で別の職員に助けを求めている。そして引き出しの中から資料を出すとその職員と規則を確認しあい、今度は二人で私に言った。

「あのね、宅地として買ったら家を建てないといけないんです。宅地に農作物を作るというのは許可できないんですよ」

「ええ？　でも私の家、納屋と畑がくっついているところがあるんですが、納屋は宅地、畑は農地って分けるのに名義変更のお金がすごいかかるから、いいですよってなって、どっちも宅地のままですよ。固定資産税はすごく高いですけどね」

「なるほど昔はそういうのもあったでしょう。でも今は厳しくなってて駄目なんです。何年かして家が建ってないとなると指導することになりますよ」

「ええ！　じゃあどうにか農地として買わせてください」

「だからね、あなた住民票は東京なんでしょう？　だったらそもそもが買えないですよ。これはね、農家を守るための規則だからねえ」

「この辺り、もうほとんどが荒れ地じゃないですか。だったら農業したいっていう若者に、なんでもっと農業がしやすい方法を作らないんですか？　農家を守るというても、逆にしばりつけるようにも思えますよね」

「私に言われたって仕方ないですよ。決まりは決まりなんだから」

そりゃそうだよね。でも、ここで帰るわけにはいかないんだよ。

「だいたいねえ、今農地を買いたいなんて人は太陽光パネル業者しかいませんよ」

「その太陽光パネルにしたくないから、そうなる予定だった土地を私が買いとるんです」

「はぁ!?」

男性は声を上ずらせ、宇宙人を見る目になっている。のどかな職員室で、他の先生たちが聞き耳を立てている。正体がバレるのも時間の問題だろう。

「買って何にするの?」

「作物を育てます」

「だって東京にいるのにどうやって管理するんですか? 農業したことあるんですか?」

「こっちにいる有志の子と、妹もこっちで農業しとるから一緒にやろうってなってて」

「ははぁ、有志……そういうのねえ。ほんとにできるのかなあ。基本的に土地は個人でしか持てませんからね」

一時間ほど話し合ったが堂々巡りだった。お父さんの名義で買うことでしか許可できないと男性は言い張った。それだけは絶対に無理だ。私はもうへとへとに疲れ果てた。またふりだしにもどるのか。買えないとなっても、もうパネル業者との契約は取り消してもらってしまったし。絶望的じゃないか。

チョッキの男性が少し考えて言った。

「あなた、ごきょうだいは？」

「だから、妹が実家に住んでますよ。姉も近くにいますし」

「え？　どちらか農業されている？」

「だから、妹は農業をしとるって、さっきから言うとるじゃないですか」

「だったら買えますよ。妹さんの名義で」

「はあ？」

男性は、急いで別の部屋へ住民台帳を調べに行った。

「ああ、高橋M子さんねえ。確かにいますね。お勤めもされてないね」

「だから、農業してますから……」

さっきから何回も言うてましたよ。

「良かったね、土地買えますよ！」

ぽかーん、である。急転直下、十分ですんだことやないかい！　私も男性もくたくたであった。

でも、良かった！　本当に良かった‼

こうして、妹の名義で土地を買えることになった。ようやく農地売買の資料が手渡される。

「あのね、まず、売ってくれる人みんなにこの書類に必要事項を記入してもらって、そして法務局へ行って土地の登記事項証明書をとってきて、またここへ持ってきて毎月十五日までに仮の申請をしたら、私たちが本当にあなたたちが農業をやれるだろうかと会議をします。それで認められたら、そこから本申請となるんです。いいですか。そのときは司法書士に頼むのが楽ですが、お金はけっこうかかります。ですから、まあ頼まなくてもやる気と根気があればできなくもないです」

「大変なんですか？」

「まあ、大変ですけどね。でも、やれなくはないと思いますよ」

どれも初めて聞く単語ばかりでちんぷんかんぷんだ。なるほど、一階で見た「会議室」で決めているのだろう。

「それで、何を作るんですか？」

と聞かれたので、ここでは野菜を、ここでは引き続き米を、ここではサトウキビをと説明し、（まだ買えるかどうかは分からないが）Ｋ太さんが五葉松を植えているところは、そのまま自由に育ててもらい、隣の現在は野原になっているところはピクニック用にそのままにしますと呑気《のんき》に答えてしまった。

「いやね、それは駄目なんですよ。高橋さんが農業で食べていくということを前提に農地売買を許可するわけです。だから、K太さんの五葉松が高橋さんの儲《もう》けになるならいいですが、K太さんの儲けなら許可できないんで移動してもらってください。隣の野原の部分も、必ず何か植えて農作地として使ってもらわないと違法となります」

私ここに来てから、「ええ！」しか言ってない気がする。なるほど、農業で食べていくことが前提だからすでに三反以上持ってないと買えないのか。三反というのが、農業で食べていける最小規模ということらしい（実際は三反では生活できないと思うよ）。

そもそも私は農業で稼ごうなんて思ってない。自然をそのまま残したいから買うのだ。なんて言ったら即刻却下されるだろうから、黙って頷《うなず》いた。男性の説明では、買った農地を遊ばせておくことも駄目だし、駐車場等田畑以外のことで使っても駄目、借用書なしに他の人が作物を作るのも駄目なのだそうだ。

「だったら、荒れ地にしている人は農地を遊ばせていることにならないんですか？　どこもかしこも荒れ地ですよね？」

「まあねえ……」

嫌な女だなあと思っているだろうけど、こっちも必死だから現状の疑問を根掘り葉掘り聞きたくなる。

「とにかくね、最初の一年は本当に作物を作っているか、実際に見回りをします。作ってないとなると許可を取り消すこともあります」

簡単には売買できない＝なかなか農家が土地を手放せないシステムになっているわけだ。そもそも農地を三反以上持っている人が、さらに農地を増やすなんてこの辺では聞いたことがない。今農業をやりたいと言っている人の多くは、「やりたい」ではなく「やってみたい」くらいの初心者たちだ。元々都会暮らしをしていた人がいろいろな気づきを経て、農業に興味を持つことはすばらしいことだと思う。

もちろん土地を借りて作ることもできる。しかし、持ち主が土地を太陽光パネル業者に売ることになったからと、長年育ててきた果樹を伐採して土地を全て手放した人も知っている。それでは、あまりに寂しいじゃないか。特にコロナによる巣ごもり生活で、食に対しての危機感を持ち、地方で自給自足をしてみたいと思った人も多いだろう。農業が農家だけのものではなく、もう少し気軽に始められて、守られる方法があればいいのになと思った。

ということで、私はよろよろへとへとになりながら、書類をもらって職員室を後にした。なんとか妹の名義で農地として買うことができそうだ。妹よ、ありがとう！

第3章

サトウキビをめぐる冒険

奄美大島と愛媛のサトウキビ

根本的な話だが、サトウキビはどうやって育てるのだろう。調べてみると、三月頃に植えて、十二月〜二月頃に収穫するそうだ。今日は二月七日、収穫も終わりの方ではないか。苗の確保を急がないと市場からなくなる可能性もある。

本でもいろいろ調べてみる。切ったサトウキビをいわゆる挿し木のように、十数センチにカットして土に縦に刺していくのかなと思っていたら、なんと、横に寝かして土の中に全部埋めるようなのだ。すると、節《ふし》から新しい根と芽が出てくるということらしい。

米や豆だったらいくらでも教えてくれる人がいそうだが、サトウキビを作っている人は近所で聞いたことがない。手っ取り早いのは、苗をネットで取り寄せることだろう。今はいろいろ調べれば自分たちだけで栽培というのもできなくはないし、そっちの方が早いかもしれない。でも、なんだかそれは目指している農業と違うなと思った。

街へ車を走らせていると何カ所かの畑でサトウキビらしい背の高い茎と葉が風に揺れて

いるのを見たことがあった。それに、山の奥で砂糖を作っている集団がいるらしいと噂で聞いたこともあった。この頃は、その人たちがスーパーに黒糖を卸しはじめ、母が買って食べて感動していた。

「これこれ、赤砂糖。昔食べよった懐かしい味がするわ」

拳《こぶし》大の黄土色をした岩のようなゴツゴツの砂糖の塊《かたまり》。砕いて口に含むと、もちろん甘いが醤油《しょうゆ》のようなコクや酸味、ミネラルっぽさもあり、砂糖の概念が変わるような旨味《うまみ》だ。沖縄や奄美大島で食べるのともまた違う。

この黒糖工場へ行って教えてもらうべきか？　しかもラベルの住所を見ると家から近いようだ。みんなの情報によると、山奥にぽつんとある小屋で、すごい量の焚き木《たぎ》が外に積み上げられた秘密結社のような雰囲気らしいのだ。しかし、製造方法をそう易々《やすやす》と教えてくれるだろうか。近所の人に聞いても「ああ、あそこねえ。何かしよるみたいよね」と、謎のヒッピーたちという存在感なのだ。正体不明の怪しい人たち。でも砂糖は最高においしい。うーむ、行ってみたいけど、お近づきになれるかなあ。

まずはあの人に相談してみよう。迷っている私の頭にピカンと電球が点《つ》いた。奄美大島で黒糖を作っていたバンドマンがいるではないか！　カサリンチュのボーカル&ギター

（現在はソロ活動中）の村山辰浩《たつひろ》さんだ。カサリンチュは奄美大島在住の二人組ユニットで、『セーターと三日月』という曲で作詞を担当したことがあった。大地を吸い上げて溶かしたまさに黒糖のような深みと慈愛のある声。辰浩さんが以前奄美大島の製糖工場で働いていたというのは有名な話で、『農機 Good！』という曲もあるくらいに農ＬＯＶＥな人。奄美から苗を送ってもらうのもいいかも。なんて妹と話しながら、私は辰浩さんに相談のメールをしてみた。

太陽光パネルになる土地を買って若い子たちとサトウキビを育てようと考えていること。日照時間がさほど長くない場所でもサトウキビは育つのか。重労働のようだけれど女子でもできそうか。水田だった場所でも大丈夫か。手動の圧搾機で搾り、庭のおくどさん（竈《かまど》）でぐつぐつ汁を煮詰めるというのは無謀か……。などなど。

辰浩さんから、夕方に丁寧なお返事が届いた。久しぶりの連絡がサトウキビの話で、でも久美子さんらしいと言ってくれた。奄美大島でも太陽光パネルが増えているらしい。四国地方でサトウキビを栽培してる話は工場職員だった頃から聞いていたそうだが、冬場の低温対策など、地元の方に聞いた方がいいと書かれていた。日照時間はできるだけあった方が良く、特に午前中に日が当たる場所が良いこと。収穫は重労働だけれど、女性にもやってやれないことはないこと。収穫時に倒すのは鎌より斧《おの》の方が良く、皮をはいだりするのは手でもやれるし、鎌と斧、栽培過程ではもちろん鍬も必要になってくるなど、具体的に書いてくれていた。

さらに、水はけ＝日当たりであり、根をしっかりはれるように水はけの良いところがいいとのこと。ただ、旱魃《かんばつ》気味なときは、水もちのいい畑が良かったりするので、やはりその土地の条件によるとのことだった。

手動での圧搾はやったことも見たこともないが、柔らかめの品種なら大丈夫だろうとのことで、硬い品種だと腕力が必要になるだろうと書かれていた。搾れたら、その汁を煮詰めながら食用石灰《せっかい》を投入するそうだ。石灰を入れないと固まらずただの甘い糖蜜のままだそう。なるほど、母が子どもの頃に瓶の蜜を舐めていたというのは、この石灰を入れない糖蜜の状態だったのだろう。そして、こんな文が添えられていた。

〈誰でも最初は未経験者なので慣れるまでやりましょう。いろいろ失敗した方が、楽しいかもです。農業って一番すばらしい仕事だと思っていますし、それをやってみようと思う方々の気持ちもすごく素敵です〉

とても励みになる言葉だった。そうだ、誰だって最初は未経験者だ。辰浩さんのお陰で、サトウキビの生態が少しイメージできるようになった。そして確実になったのは地元の誰かに教えてもらうべきだということだった。やはり奄美とは土壌も日照時間も違うのだから、少なくとも四国の人に聞き、土地に適した種類のサトウキビを育てないといけない。

その夜、私は農業振興センターでもらった書類を渡すためにSばあちゃんの家を訪れた。「どうぞ中に入って」と言ってくれたので、お邪魔して土地の売買についてセンターで教えてもらったことを知らせた。そして、用事がすんだあとはSばあちゃんの人生のいろんな話を聞いた。若かりし日、私の曾祖母と畑で話したこと、干し柿作りのコツ、苦労したことや嬉しかったこと。

二時間は話を聞いていただろうか、帰りがけに買う予定の畑でサトウキビを育てようと思うんだと報告した。そして、「黒糖工場を訪ねる方がいいか迷っているんです」と私が言うと、Sばあちゃんは、

「なんでもね、やろうと思うことは隠さずに周りの人に話してみるのがええかもしれんね。そしたら、案外みんながいい知恵を貸してくれることがあるよ」

と言った。さらっと出たけど、長年の人生哲学が入った含蓄《がんちく》のある言葉だった。きっと、その笑顔と明るさで、相手の心を開いてきたのだろう。

「久美ちゃん、黒糖工場に行ってみたらいいよ。車であの小屋の前通るけど、サトウキビ積んだ軽トラがよう走りよるから今丁度収穫しよるんじゃろうね。行って、苗を分けてもらえんか聞いてみたらどう？　駄目かもしれんけど、分けてくれるかもしれん。行ってみな分からんけんねえ」

本当にその通りだ。やらぬ後悔よりやって後悔で生きてきたじゃないか。翌日、妹と黒糖工場へ行ってみることにした。

姉妹、黒糖工場へ！

翌日の午後一で私と妹は黒糖工場を訪ねることにした。Sばあちゃんは、車で行けると言うが、なかなかの獣道、ぬかるみにハマってしまえば立ち往生するだろうし、木々で車が傷つくのも怖い。

「そんなん走っていったらすぐじゃわ。走っていこ」

と妹が言い出した。何を隠そう妹はフルマラソンを走る猛者《もさ》だ。県内外で行われる大会にいくつも出場し、しかもなかなか速いのである。その上、趣味は登山。二日連続で山登りなんて罰ゲームみたいなことを平気でやってしまう。こんな山道、屁《へ》でもないのだ。

「私も行けるかなあ」

「久美ちゃん運動不足なんやけん丁度ええやろ」

私ときたら、小学生の頃から登山なんて天狗《てんぐ》のやることだと思ってきた。小学六年の卒業記念で山に登ったとき、しんどすぎて顔がどんどん青くなっていったのを覚えている。

その頃からよく脳貧血を起こしていた。山頂での集合写真、達成感で満ちているみんなの中に顔面蒼白《そうはく》の少女が一人。田舎育ちが全員山猿だと思ったら大間違いだ。

妹は、スニーカーを履いて走り出した。アスファルトの道まではついて行けたが山道に入ったらもう駄目。ひーっ！　バサバサーッと空が揺れて、雑木林の奥からキジの親子が飛んでいく。シダ植物が足元を覆い頭上には木々が生い茂り、動物のテリトリーに踏み込んでいく。こんなところで砂糖を作っているだなんて怪しすぎる。本当に砂糖か？　雨でぬかるんだ薄暗い山道をどんどん分け入っていくと、糞《ふん》がたくさん落ちている。

「これは、猿のうんちだろうな」

と言いながら妹は平然と進んでいく。朽ちた家、沢を流れる水、木々の中にお墓もあって、見ると綺麗に掃除されている。きっと昔はこの山で誰かが生活していたのだ。あれ？　火を燃やした跡がある。しかもまだ新しい。隣にはトム・ソーヤみたいに、秘密基地っぽい納屋もあって、洗濯機や古いテレビやラジオ、テーブルの上には湯呑《ゆの》みが置いてある。見上げると何本もの梅の花が満開で、木漏れ日が降り注いでいた。ああ、この森での生活をまだ続けようと往来している人がいるのか。そう思うと、胸が熱くなった。まるで私たちは桃源郷に入っていこうとしているようだった。

視界が開けたかと思うと農機具のエンジン音が聞こえてきた。小さなトタンの建物が現れ、〈黒糖工場〉と墨《すみ》で書かれた看板が見える。

「久美ちゃん、ここじゃ」

「よし、行こう」

こうなると順番が入れ替わり、私が先頭になるというのがおかしいが、姉妹というのはそういうものなのかもしれない。

私たちは、グガゴゴゴー！　とすごい音がしている方へと歩いていった。どうやら搾った後のサトウキビを粉砕して畑に撒いているようだった。キャップを被って酒屋さんみたいな大きな前掛けをしたいかにも山男という感じのおじさんが、山積みになったサトウキビの搾りカスを機械に突っ込むと、それが反対側から虹のように弧を描いて畑へと吹き出している。

綺麗だなあと、しばしその様子を見ていたら、熊手で周辺を掃いているもう一人のおじさんが私たちに気づいて来てくれた。手ぬぐいで顔全体を覆った上にキャップを被っている。色白で華奢《きゃしゃ》で、サトウキビなんて持ち上げたら倒れてしまいそうな、お地蔵様っぽい雰囲気だ。

「何か？」

機械音がすごいので、初対面だというのに半ば喧嘩腰で声を張り上げなければいけない。

「作業中にすみません！　私たち、黒糖を作ってみたいなあと思っていまして、それで、みなさんは自分たちで黒糖を作ってらっしゃいますよね。何度か食べたのですが、とってもおいしくてですね……それで、あのう、作り方がまだ全然分かっていないんですが、教えてもらえないかなあなんて思いまして」

「ああ、そうですか。そうしたらね、今日は搾ったり煮詰めたりの製糖は終わったんでね、明日また来てみますか？」

「え⁉　見せてもらえるんですか？」

「ええ。明日来てもらえたら、見せてあげますよ」

おじさんという言葉が似合わないその男性は、顔色一つ変えず、お地蔵様の寛大さでOKを出してくれた。向こうで粉砕しているおじさんも、こちらを気にしているようだ。

「あの、もう一つお願いがありまして。サトウキビの苗を売ってもらえないかなあと思いまして。今収穫期だと思うんですが、余っていたりしないでしょうか？」

私は、太陽光パネルになる予定だった土地をそのまま自然の状態で残したいことや、そのために土地を買って仲間とサトウキビを育ててみようと思ったことなど、これまでの経

緯を話した。男性は、頷きながら真剣に話を聞いてくれ、

「ああ、なるほどねえ。それは代表のOさんと考え方が似ていますね。きっと苗を分けてくれると思いますよ」

と言って、作業中の山男さんの方へ行って確認している。そういえば、お地蔵様はさっきから一ミリもなまっていない。都会から山へ移住した系だろうか。山男さんも機械を止めて来てくれて、二人で話し合っている。松田優作っぽい眼鏡《めがね》にサトウキビのくずをびっしりつけた山男さんがやってきて私に言った。

「ええとは思うんじゃけど、Oさんに聞いてもらわんことにはなあ。見学のことも事務所で聞いて予約してもろてからの方がええじゃろなあ。そこで苗のことも聞いたらええわい」

この方は地元の人らしい。なるほど黒糖ボスOさんがいるようだ。事務所の場所を教えてくれ、夕方四時頃ならいるだろうから今日話してみるといいと言ってくれた。

あまりにトントン拍子で怖いくらいだ。こんなに簡単に苗を譲ってくれるなんてことある？　そして企業秘密の内部見学までさせてくれるものですか？　私たちはお礼を言って、また山道を下っていった。

夕方、今度は車で町中にある事務所へ行ってみるも、事務所にOさんはおらず、目がキラキラしたご婦人がいらっしゃった。ああ、この女性が裏ボスだろうなあと直感で思った。内なるパワーが普通の地元のおばちゃんとは違っていたのだ。昼間に黒糖工場を訪ねたことや、太陽光パネルのこと、自然を残したいこと、黒糖を作ってみたいこと等を話してみると婦人はいたく感激してくれた。

「あなたたちみたいな若い方が黒糖作りに興味持ってくれて嬉しいわ。今、耕作放棄地が町中にどんどん増えていますよね。私たちもね、あれをどうにかできんものかと思って、サトウキビを作り始めたのよね。初めは本当に手探りでね、それでも十年!」

「すごい、十年もやられてるんですね」

「そう。がむしゃらに十年。でもね、私は砂糖だけじゃなくて、黒糖を使った、かりんとうなんかを作りたいと思ってね、別にお店を始めたんですよ」

十年間チームで黒糖作りをして、企業化も成し遂げ、そこに人が集まるようになったこと。でも、企業として維持していくのは想像以上に大変だということ。雑務に追われる中、女性は自分の本当にやりたいことは黒糖作りではなく黒糖を通して場所を作ることだと気づいたという。おばあちゃんから教わった味噌を作ったり一緒に御飯を食べたり、子どもに農業体験をしてもらったり、自分の畑を持ってもらったり、そういう町の人の憩いの場を作り大事なものを伝えたいと話した。夢で溢れた目はキラキラしている。

女性は二種類の黒糖を持ってきてくれた。食べてみると、一方は濃厚だが雑味のないすっとした切れ味。もう一方は色も淡く甘さも控えめ、でも充分おいしい。

「こっちはね、三年もののサトウキビから作った黒糖。こっちのは一年目よ。甘みが少ないし雑味が多いでしょう」

「確かにそうですね。こっちの方が断然おいしいですね」

一回植えたサトウキビは、刈り取った後もなんと五年は収穫できるそうだ。どんどんと太くなって、味も研ぎ澄まされていくのだという。

「もちろん製造の仕方で味は変わってくるんですよ。メンバーの中には、もっと技術を磨いて黒糖の品質を上げたいと、製造に情熱を燃やす人もいます。長く一緒にやっとったら、それぞれに目標が分かれてくるよね」

女性は、一旦は黒糖から離れて加工品作りや、イベント企画などを市と一緒にやっていこうとしているそうだ。始まりは一緒でも、それぞれに道ができていくことは懸命に向き合った証なのだろうと思う。愛媛で黒糖文化が続いていたのは母たちの話から推測するに戦後二十年くらいまでだろう。とすると、観光地でもないこの町で再び黒糖を広めるには相当な努力がいったのではないか。今ようやく地元の人に、「あの山で砂糖を作っている人たちがいる」くらいには認知されるようになってきたが、これをゼロから積み上げてきたのだ。おもしろい人は案外身近にいるものだなあ。

明日見学に行きたいことを伝えると、「もちろん」と言ってくれた。

黒糖部の先輩たち

黒糖工場の事務所から帰るとすっかり夕方だった。私は慌てて若者二人にメールをする。

「なっちゃん、ゾエ、急展開！　なんとなんと、明日、黒糖工場を見学させてもらえることになったよ！　一緒に行けそうかな？」

二人とも大興奮だろうなあ。返信を待ちながら、買って帰ったかりんとうを食べる。お豆腐で作られたかりんとうは、歯ごたえと大豆の風味がしっかりあって、その日会った女性のやりたいことがぎっしりと詰まっているようだった。何歳になっても、やりたいことにチャレンジしている人たちはいい顔をしている。

翌朝九時、ゾエが一人で我が家にやってきた。なっちゃんは風邪《かぜ》を引いてしまって来られなくなったのだった。なっちゃんがいないゾエは心なしか、いつもよりよくしゃべる。

一人ずつの姿を見ることがなかったので新鮮だななんて思っていたら、そうだ見学させてもらうというのに手土産《てみやげ》を何も用意してない。作業着を着て、家の門を出たところで気づいて立ち止まった。私はこういうところが抜けている。

「あ、僕持ってますよ」

ゾエが車のトランクの中から饅頭《まんじゅう》の箱を取り出した。家へのお土産用と、何かあったとき用にと、羊羹《ようかん》と饅頭を用意していたらしい。何かあったとき用を持っている男、ゾエ。みんなで食べやすそうだから、饅頭を持っていくことになった。手に取った饅頭の包み紙に〈香川の和三盆糖使用〉と書いてある。私と妹は顔を見合わせた。こ、これは黒糖の上を行く和三盆ではないか……。しかも香川の。

「あ、全然気づかなかったっす」とゾエ。まあ、喧嘩売っとんのか、と思う人たちではないだろう。昨日と同じ山道を三人で歩く。

「癒やされますね。森なんて歩くの何年ぶりだろう。マイナスイオン出まくってますね」

とゾエが嬉しそうにしてくれたから、私はこの企画に誘って良かったなと思った。

約束の十時に黒糖工場に到着。開かれたシャッターの中、もうもうと湯気が立ち込めている。工場というより時代劇で使われている土間の台所を大きくしたような趣《おもむき》のある場所だった。耐火煉瓦《れんが》で作られた竈があって、その上に五右衛門風呂《ごえもんぶろ》級の釜が三口《こう》もはまっている。竈の中央から生えるように大きな二本の煙突が天井へ伸びていて、下では薪《まき》をくべて火を焚いている。機械はサトウキビを搾るための圧搾機だけで、あとは全て手作業。昔ながらの方法で行われていることに驚いた。

昨日の山男さんが、給食センターの人みたいな格好で、今度はバババババーという音を放つ圧搾機に一本ずつサトウキビを突っ込んでいる。反対側からぺしゃんこになった繊維が出てきて、わずかに出る薄い黄緑の汁が網をくぐって桶《おけ》の中にたまっていく。

その奥、立ち込める湯気の中、お地蔵様がマスクとメッシュの衛生帽子の上からHB-101の黄色いキャップを被って、釜の中をぐるりぐるりと混ぜている。まるで釜ゆで地獄の番人だ。代表のOさんらしき人も忙《せわ》しなく動いている。どうやら全ての工程をたった三人でやっているようだ。挨拶もそこそこにマスクを渡されると、

「ほれ、そっち側で出てくるカスを束ねてくれるかい？」と山男さんが叫ぶ。

「あ、はい！　了解です」

なるほど、カスと言っても見た目はまだまだ竹の棒で、これを束ねて紐《ひも》で縛って軽トラに乗せていくだけでも重労働なんだな。もう一回搾る工場もあるらしいが、雑味が出るので、ここでは一回で捨てるのだそうだ。Oさんがやってきて、

「搾りたてのサトウキビジュースを飲んでみたらいい」

と、紙コップを渡してくれた。圧搾機の下についた細い筒からちょろちょろと出てくる汁。これがあの黒糖になるなんて信じられない。ほんのり甘く、少し青臭い。ベトナムで飲んだのとは風味が違う気がする。お地蔵様に聞いてみると、東南アジアで育てているサトウキビの種類とは違うのではないかということだ。

「これはね、黒海道《くろかいどう》という種類でこの辺に適しているんです。けっこう硬いんですよね」

黒海道！　なんと格好いい名前だ。


Oさんが、これまでの紆余曲折を話してくれた。十年前、黒糖を自分たちの手で一から作ってみたいといろんな人に話をしていたら、廃業になった製糖所が見つかり、鉄釜を譲り受け、始まったという。三つの鉄釜をはめ込んだ味わいのある竈は、煉瓦を積み上げて自分たちで作ったのだそうだ。今の釜は四年前に新設したそうで、三つのうち二つは、釜の周囲を高さ一メートル以上はある大きな木の樽で囲っている。最後の工程で糖蜜がふき上がり、こぼれるのを防ぐためだ。こういう特大の木樽を一から作れる職人がもうほとんど残っていないのだと言った。この樽を作った職人さんも今は退職されているそうだ。アルミ等代わりのものではやっぱりダメで、この木樽がなければ今後、伝統製法を続けることは困難だろうとのこと。いろんなことが繋がり、作用し合いながら保たれた世界の中に、私たちの生活があるんだなと思った。

搾りたてのサトウキビの汁は、まず平釜に入れ熱し、マグマのように湧いてくる灰汁《あく》を網ですくっていく。この灰汁をちょっと食べてみると、抹茶のような渋みがアクセントになっておいしい。

「これはこれでお菓子に入れたり生クリームに添えたらアクセントになりそうですねえ」

「へー！　灰汁がねえ！　やっぱり若い人たちのアイデアはおもしろいなあ」

チームは七十代前後で、若い人の感性やアイデアがほしいのだと言った。メルカリとかTwitterとか、そういうのがちんぷんかんぷんなんだとOさん。好きなことを突き詰めて、ゼロから自分の手でものを作ることの方が私にはよほど眩《まぶ》しかった。

一時間もすると山男さんが、よくしゃべりかけてくれるようになった。

「あんた、ここいらの出身だろ?」「何年生まれ?」「ほー、じゃあ息子と中学時代かぶっとるなあ」「どこの高校だったん?」

きたきた、地元のおじさんというのはこういう感じなのだ。はじめはシャイで、慣れてきたらぐいぐいくる。別に私は嫌じゃないし、親戚だってみんなこんな感じだからむしろ気楽だ。するとお地蔵様が通りすがりに、

「山男さん、あまり聞き過ぎるのはやめた方がいいですよ」

とさりげなく言うので笑ってしまった。ナイスなコンビだなあ。そして、体を動かして働くっていいなと素直にそう思った。

巨大鉄釜の下では、定期的に薪がくべられていく。その薪ももちろん自分たちで調達している。焚き口が二つあって、火箸で鉄の蓋を開けると、奥で燃え盛る赤い火先《ほさき》が揺れ、胸が焼かれそうな熱気が立ち上ってくる。その炎めがけて薪を放り入れる緊張感。

「砂糖の状態によって、入れる薪の太さや種類も塩梅しないといけないんです。煮詰まってきていたら、一本だけにするとか。火の調整が一番大事です」

と、お地蔵様。一年かかって育てたサトウキビを焦がしたりしたら泣くなあ。火を見ていると家のお風呂に薪をくべていた小学生の頃のことを思い出す。風呂場でおじいちゃんが「久美子、ちょっとぬるいから薪もう一本じゃな」と叫ぶ。「はーい!」と薪をくべる。砂糖はしゃべってくれないから、その頃合いを自分の経験や勘で見極めていくんだ。

あっという間にお昼を過ぎていた。

「じゃあね、皆さんも帰って昼ごはんを食べて、また二時半頃に来てください」

とお地蔵様。

「昼からはすごいぞー。煮詰まって沸騰してきた汁が一〇倍ぐらいにボコボコーッて噴き上がるからなあ。それが見ものじゃ！」

と山男さんも嬉しそうだ。みんなはテーブルにお弁当箱を出して一段落に入った。

「あの、これお土産です」

ここでゾエが例のお饅頭の箱をお地蔵様に手渡した。

「まあまあ、お気遣いいただきありがとう。おお、香川の和三盆糖使用。これはこれは」

後で知ったことだが、Oさんは実は和三盆を作りたいという夢があるそうだ。和二盆は二回、和三盆は三回、盆の上で研ぐのだと妹から聞いた（現在では四〜五回研ぐことも多いらしい）。妹はお菓子屋さんで働いていた時代が長く、徳島の和三盆をケーキなどに使用していたため老舗《しにせ》の製糖場へも見学に行ったことがあるそうだ。江戸時代から変わらない作り方を続けているという上品で滑らかな甘さは天下一品。私も徳島へ行くと必ず和三盆を買って帰り、ここぞというお菓子作りには使う。

あまりに当たり前に思っていたが、和三盆といえば讃岐と阿波である。そう考えると四国は古くから砂糖作りに長《た》けていたに違いない。ただ、和三盆は高級品。昔はお殿様への献上品だったし、今は上等な菓子や料理に使われることはあっても、家庭料理に使われることはないだろう。そう考えると、一年を通して使える黒糖が自分の手で作れるというのは魅力的なことだなと思った。

昼ごはんを食べて、再び山へ。平釜から、深釜に移し替えられたサトウキビの汁は、蒸発し量が減って、釜の底の方にわずかに見えるだけになっていた。収穫した四〇〇キロのサトウキビから二〇〇キロの搾汁がとれて、そして砂糖になるのはたったの四〇キロだそうだ。砂糖って本当に貴重品なんだと、この工程を見て思う。

竈の上のさらに台の上に乗って、お地蔵様が何メートルもある柄杓《ひしゃく》で釜の中を混ぜている。少しやらせてもらったが、粘り気が強くなり、腕がどんどん重くなる。そんなことをしていたら焦げ付いてしまうわけで、すぐに代わってもらった。色白で華奢に見えていたお地蔵様が力強く釜を混ぜる姿。全力で好きなことを突き詰めているおじさんたちは輝いていた。

ボコボコーッと、溶岩のように茶色い液体が上の方まで噴き上げてきた。これ、おばあちゃんが四国八十八ヶ所巡りのお土産でくれた地獄の本で見たことあるやつやなあ。落っこちたら一巻の終わりだろう。ぺちゃっと頬に飛んだだけで大やけどだ。なのに甘い香りが漂って、まさかこんな山奥で魔法使いたちが必死に甘い甘い砂糖を作っているなんて誰が思うだろうか。ここは甘党おじさんたちのアジト、部室なんだ。商売をしたいわけじゃなく、実験を重ねて、ああこれはロマンスなんだなあ。

「はい、薪いっぽーん」

という掛け声で、一人が薪一本を残して燃えかけの炭をかき出す。この辺りで、釜に石灰を少し入れる。いよいよクライマックスだ。おじさんたちの顔つきが鋭くなる。さっきまでの「スマホの使い方が分からん」と嘆いていた人とは別人だ。白球を追いかける高校球児みたいな、ギターに夢中になる軽音部の先輩みたいな、この人らは黒糖部の黒糖マニア。営業が下手というのも頷ける。その目は職人だもの。

あうんの呼吸で、みるみるうちにとろとろのキャラメル状になっていく。

「もうええよー。出してー」

残りの一本の薪もかき出され、あとは余熱で調整していく。祭りの後のように静まり返った釜の中から、柄杓で水飴《みずあめ》状の砂糖を瓶の中に取り出していく。その間も刻一刻と砂糖は固まっていく、時間との闘いだ。

たった三人で、ここでサトウキビと格闘している理由が分かった気がした。

ぴかぴかの黒糖の誕生！

瞬時に固まっていく黒糖を釜の中から柄杓ですくって、瓶の中に入れていく。四〇キロのサトウキビから四〇キロの黒糖。たったこれだけなの？　と思えるほどの量だった。一年を通じて育て収穫した、軽トラック一杯のサトウキビ。それを搾り、プロの勘と知恵と体力を集結させて煮炊きして、これだけ手間暇かけたというのに、頭の上に乗っかるほどの瓶に二杯の黒糖なのか。真剣な顔でお地蔵様が釜の砂糖を瓶に移している。

「なかなかいいできなんじゃないかい？」

「そうですね。ちょっと柔《やわ》かったかなあ」

「いやあ、こんなもんでしょう」

三人にしか分からない感じの会話がかっこいい。

「じゃあ、みなさんね、この瓶の中をしゃもじでぐるぐると混ぜてててくれますか？」

お地蔵様が丁寧にお願いする。

「はい。固まらないようにするためですか？」

「いやいや、そうではなくてね、先に入れたのと後で入れたのとで砂糖の濃度が違っていたりするんだよね。上と下とでね。それをよくかき混ぜて均等にしていくんです」

私たちは、別室に運ばれた熱々の黒糖を混ぜていく。軍手をつけ一人が瓶が倒れないように支え、もう一人がぐるりぐるりと、魔女のおばあさんみたいな手付きで混ぜる。余った一人は、釜にくっついた砂糖をヘラでシャリシャリと取って、容器の中につめていく。みるみるうちに砂糖はセメントみたいに取れなくなっていく。

「はいはい、もうそれくらいでいいからね。釜洗いますよ」

根こそぎ取ろうとしているとOさんが笑いながらホースを持ってきた。

「ええ！　待ってください。まだこんなについてますよ」

「早く洗わないと砂糖が取れなくなるからねえ」

私の強欲さを尻目にOさんはとっとと釜に水を入れてしまった。

「ほな、これ食べんかい」

と、笑いながら砂糖のついた、おたまや柄杓を山男さんが持ってきてくれた。私たち三人はそれをヘラで剝《は》がしてお腹に入るだけ詰め込んだ。もう食べすぎて気持ち悪くなってしまって、しばらく黒糖は見たくない気分だ。

「こんなに毎日黒糖見てたら、家で食べようなんて気にならないでしょう？」

と聞くと、

「まさかまさか。これくらいすぐなくなります。一年持ちませんよ」

と、お地蔵様が言った。

「今日の砂糖はお地蔵様の家用やけんなあ」

と山男さんが笑う。なるほど、販売用だけでなくそれぞれの家の砂糖もこうしてみんなで作り合うのか。

「お料理で使うんですか？」

「いいえ。おやつに食べるんです」

「え？　おやつにこの塊の黒糖食べるんですか？」

「はい」

砂糖だけに舐めていた。この人たち、正真正銘の甘党男子であった。こたつに入って塊の黒糖を食べているお地蔵様が想像できる。似合う。みかんよりも似合う。

山男さんとお地蔵様が、瓶の中の砂糖の塩梅を見ている。そして、

「よし、そろそろ行こうか！」

と言うと、瓶を持ち上げた。ここからのコンビネーションは砂糖界のバッテリーだった。仕組みを説明すると、歩道橋のように作られた渡し板の上から瓶を傾け、黒糖をたらしていく。その下を通る銀色の容器がその液体をキャッチする。容器の敷き詰められた台はローラーコンベアになっていて手動で前に進むようになっており、黒糖が入った容器から前に送り出され、乾燥棚へ並べられるというシステム。この装置も全部自分たちで手作りしている。使い勝手が良いように工夫があちこちにあって、見ているだけでうっとりする。

山男さんは橋の上から砂糖を流し続け、それを器用にお地蔵様が容器でキャッチしては前へ送っていく。見事すぎる。全ての動きに無駄がなくスマートで美しい。私たちは出来上がった砂糖を乾燥棚に並べていく。

「ほなけどお地蔵さん、今回なかなか上出来じゃないで？」

「まあ、そうですね」

「瓶の内側に砂糖の結晶ができとるやろ？　これが綺麗にできたら上出来の証拠じゃよ」

と山男さんが教えてくれた。本当だ。少なくなっていく瓶の内壁に、三センチくらいの茶色い砂糖の結晶ができている。それをしゃもじでこそげとると、ふわーっとして、うーん、どう例えたらいいだろう。私と同世代だったら「ぬ〜ぼ〜エアインチョコ」をイメージしてくれたらいいかも。上手く空気が入っているため、ほろほろとしてしゃもじでも簡単に崩れてくれるのだ。なるほど、取り出しの時間も完璧だったんだなあ。

キャラメルみたいにとろとろだった砂糖は、数分でコンクリートみたいにがっちりしてきている。粗熱が取れたものから、蓋をして出来上がりだ。いやあ、あんなに時間かかったのに、最後三十分が目をみはるスピードだったのには驚いた。

「今日ね、手伝ってくれたからお礼に一パックずつ持って帰っていいですよ」

お地蔵様がそう言ってくれて、私たちは「やったー！」と跳びはねた。

「本当に助かりました。三人でやるのとみなさんがいるのとでは疲れ方が全然違います」

「ほんまよなあ。今日はまだ楽やもんなあ。あんたらおってくれて、助かったわ」

と山男さんも褒めてくれた。見学のつもりだったけど、お役に立てたなら嬉しいなあ。

その後、東京に持って帰って、こっそり食器棚の中に隠して、スプーンでほじって食べている。お地蔵様の気持ち分かる。これは上等なおやつだ。Oさんたち「ロハス企業組合」のホームページやBASEでも通販しているので、ぜひ一度食べてみてほしい。

最後に、苗を分けてもらえるでしょうか？　とOさんに話してみると、

「いいよ。明日、僕ら朝から収穫しているからね、畑に来てくれたら渡してあげるよ」

と言ってくれた。

「ええ！　今日これだけ働いたのに明日も朝から、しかも収穫ですか？」

この体力信じられない。どうやらいろいろな場所でサトウキビを育てているらしい。一度に収穫しても、サトウキビが乾燥してしまって保存できないので、収穫日は黒糖工場をお休みにして、四〇〇キロずつ収穫しては砂糖にしていくのだという。収穫の方法も、そこで少しレクチャーしてくれるという。どこまで優しいのだろう。教えてもらった場所に行くことを約束し、お礼を言って、山を降りた。ほかほかの砂糖を持って。

今日は疲れたなあ。恐るべし黒糖ＢＯＹＳ。自分の手で自分の使う砂糖を作るというのは、やっぱり魅力的だ。先日、久々にＯさんに電話すると、今は糖蜜を使ったラム酒作りを計画しているのだとか。その声は、どこまでもチャレンジャーの声だった。

帰り道、「あの技術が失われることが怖いよね」と妹が言った。縁起でもないが、誰か一人でも倒れてしまったら立ち行かないだろう。なんとかして、あの技術を習得できたらいいけれど、一、二年通ったところで無理だろう。様子をみて冬の間通ってみるのはいいかもな。なんて話しながら、疲れ切った私は、早めに布団に入り、甘い夢を見ることもなくぐっすり眠った。

黒糖の道も、一本から

数日の間に、一年分くらい進んでいる気がする。小説ならこの辺で、騙《だま》されたりひどい仕打ちを受けたりするのだろうが、現実は夢じゃないかと思うくらいみんな優しかった。なんなら、地元でこんなにオープンで欲のない人に出会うのは珍しいかもしれない。

もちろん良い人ばかりなのだが、農地というのはいつも喧嘩の火種だった。「先祖代々の」というと聞こえは良いが、昔からの関係が粘着質に残っているのが私の知る田舎というもので、畦道を通す通さないとか、水がどうのこうのという話題を子どもの頃からいつも耳にしていたように思う。

お地蔵様は県外の方だというし、Oさんもよくよく聞くと県外で暮らしていた時期が長いという。黒糖ＢＯＹＳには風通しの良さがあった。会社でも地域でもそうだが、良いリーダーがいる団体というのはだいたいが健全でまっすぐである。まだ三十八年しか生きてないし、就職もしたことないけど、多分当たってるんじゃないかと思う。いや、おじさんたちにもいろいろあるのかもしれないけどね。

翌朝、起きてゆっくり過ごしているとOさんから電話があった。

「もうサトウキビの収穫しとるから早く取りにおいで。もう少しで終わるかも」

一日作業していると聞いていたので昼ごはんを食べてから行こうとしていたが、私と妹は作業着に着替えてOさんたちの畑に向かった。

広がる畑の一角に、ざわわ~という歌が聞こえてきそうなサトウキビの群れ。かなり背が高く、隣の畑が見えないほどだった。お地蔵様に山男さん、それにもう一人、班長っぽいおじさんもいて、すでに半分くらい刈り取られている。Oさんが、

「これ、君たちの分だから、植え方はお地蔵様に教えてもらってね」

と束ねた数十本のサトウキビを指差すと、忙しなく帰っていった。でも、植え方を教えてもらえる雰囲気ではない。昨日とは打って変わって、みんなものすごくしんどそうだった。

「あー、もうえらいわー。今日はこの辺にしとかんで?」

と山男さん。

「そうですねえ」

と言いながら、作業しつづける二人。

「あのう、お手伝いします」

と言って軍手をつけてみる。それじゃあと、剪定用の両手使いの大きなハサミを渡され根本から切るよう教えてくれた。やってみるも、四年もののサトウキビはかなり太く密度があり力を入れてもなかなか刃が入らない。簡単そうに見えるのに、やってみると一本倒すのにも手こずった。指導係のお地蔵様が「慣れたらすぐですよ」と言ってくれるが、これ全部手作業でやっていたら翌日腕が上がらなくなるよ。手伝いますなんて言っておきながら、ほとんど役にたってない私。

次に、刈り取ったサトウキビを逆さまにして、トウモロコシみたいに芯を包んでいる葉を落としていく方法を教わる。鎌を使うのだが、その鎌がすごい形をしている。途中までは普通の鎌なのだが先だけ二股になっていて、ミヤマクワガタのアゴみたい！　サトウキビの収穫専用らしい。

まず普通の刃で糖度の低い先の方を落とし、刃と刃の間にサトウキビを挟み下ろし、葉っぱをこそげとっていく。これも見ていたら楽勝でできそうなのに、細い部分を切り落とすだけで手こずる。勢いよく振り下ろすと一発で切れるのだが、振り下ろしすぎて足まで切ってしまいそうでドキドキする。怖い。農業って危険がいっぱいだ。

ぼやぼやしていなくとも、毎年のように農機具での事故が報告されるのだから、初心者の私たちなんて注意しすぎるくらい注意しないといけない。私は全然スピードが上がらない。バイトなら半額しかもらえないレベルだわ。妹は余裕で鎌を振り下ろしている。やっぱりすごい。肝《きも》が据わっとる。

もうこの子は見てられんと思ったのか、お地蔵様は私をサトウキビを束ねてロープで縛る係に任命した。これなら安心と思ったのもつかの間、先輩のダメ出しが入る。四方八方に曲がっている棒一〇本をロープでまとめるというのは思ったよりも難しいんだなあ。お地蔵様は自分の作業の手を止めて細かいところまで丁寧に教えてくれるのだった。簡単な作業にも熟練の技やコツがあって、教えてくれたようにやっていくと、本当にグラつくことなくスピーディーにまとまった。

「乗用車じゃサトウキビ乗らんなあ。ちょっと軽トラ取りに帰るわ」

と言い残し、妹は帰ってしまった。私はお地蔵様の指導を仰ぎメモを取りながら、作業をする手も少しずつ慣れてきた。

三十分後妹が帰ってきた。軽トラに乗りエンジンを吹かし、畑にバックで入ってきよった。刈り取った後のサトウキビの芯は、そのままにしておけば来年新しいのが生えてくるので、タイヤで踏まないように窓から半身乗り出して、もうおっさんみたいや。農業を本格的にやりはじめて一年半、妹は軽トラ姿が板についた。それまでは私の方が軽トラの運転は上手だったんだけどなあ。祖父の代から乗っている自慢のスバルのサンバー。こいつのエンジンは強靭《きょうじん》な作りになっていて、山道もぐいぐい登っていける働き者だ。ちなみに、昔はオートマの軽トラなんてなかったので、私たち三姉妹は全員マニュアル免許を持っている。

「あのう、これお昼にみなさんで食べてください」

軽トラから下りてきた妹は、大判焼きの包みを持っている。しっかりしている。黒糖BOYSにはやっぱり甘い物が一番。

「ああ、これはありがとう」

少しだけ笑顔になるが、やっぱり、みなさん疲れてらっしゃる。山男さんは「もうこれ以上は今日はやれん」と言ってへろへろで帰っていった。お地蔵様が、残ってサトウキビの植え方を教えてくれ、私たちは急いでそれをメモし、帰りにコメリ（ホームセンター）に寄って有機石灰を何袋か買って帰った。

石灰は酸性に傾いた土壌を中和するためのもので、有機石灰はカキ殻や卵の殻でできている。普通の石灰は撒いてから二週間はあけて植えないといけないが、有機石灰なら同時に植えても大丈夫だそうだ。秋までお米を作っていた土地だから極端に酸性になっていることもないんじゃないかなと思い、普通の三分の一の量だけ撒くことにした。袋に入った石灰は一袋二〇キロ、ダンボールなら余裕で持てるが、紙袋に入った石灰はずるずるして何倍も重く感じる。

軽トラでの帰り道、近隣で農作業しているいろんな人が凝視している。ただでさえまあ若い女子二人が軽トラに乗っている光景は目立つのに、得体のしれないジャングルを荷台に積み上げて戻ってきたからだ。時間がなかったので上の葉っぱもそのままつけてきたから目立ちすぎる。あの姉妹また何かやらかすぞ臭がぷんぷんしている。収穫後はすぐに乾燥してしまうので、納屋の中に運んでブルーシートでくるむ。

小規模農家なのになんでこんなに納屋がでかいんだろう。東京の私の家二つ分くらいはある。クレーンまでついていて、米の乾燥機など大型の機械をスイッチ一つで下ろせるようになっている。きっと納屋自慢、農機具自慢みたいのが祖父たちのステイタスだったんだろうな。

母が嬉しそうに家から出て来て、下ろすのを手伝ってくれた。

「うわー、サトウキビ、こんなに大きいん！　すごい量じゃなあ。これ全部植えるん？」

そうですとも。これを明後日全部植えるんですぞ。すでに腰がバッキバキだけどね。

明後日、なっちゃんやゾエと石灰や肥料を撒きながら、いよいよサトウキビの苗を植えることになった。私の体力、持つかなあ。「こんなんでへばるなんて先が思いやられるわ」と妹が溜め息をついた。すいません。精進します。

翌々日、私たちのスタートにぴったりの晴天だった。ブルーシートに覆われた秘密のジャングルと有機石灰を再び荷台に積み込み、私たちの畑へと向かった。

サトウキビがぐんぐんと伸びていく

第4章

サルとイノシシ現る

私たちが植えた未来

二月、苗を植え付けた。

大地がようこそと言ってくれているみたいに気持ち良い朝だった。遠足にでも行くように私たちの足取りは軽かった。

まず妹とゾエが、二メートル近くあるサトウキビを四〇センチくらいずつカットして、苗を作っていく。私となっちゃんは、ロープを畑に均等に引いて、畝《うね》となる間隔をとっていく。母のアイデアで予《あらかじ》め別の紐二本を各一・五メートルにカットして定規代わりにし、畑の北と南にそれぞれが立ち、畦から紐を伸ばす。それを目印に南北に四〇メートルの長いロープを「もうちょい右！」「もっと張って～」等と叫びながら畝を作っていった。

保育士のなっちゃんは、てきぱきと楽しげによく動く。彼女は農業に少しでも詳しくなり、保育園の子どもたちに伝えたいという志を持った人だ。

張ったロープに沿って鶏糞とコメリで買った有機石灰を撒いていく。風に石灰が舞って目がしょぼしょぼするし、マスクをしていてもげほげほと咳《せ》き込む。妹とゾエが、それらを土に混ぜこみながら鍬で畑に溝を作っていった。妹もゾエも流石《さすが》に慣れていて、鍬の振り上げ方が上手い。私たちはその溝にカットした苗をお地蔵様に教えてもらったように間隔を取りながら置いていく。妹と代わって肥料を混ぜながら溝を掘る作業をしてみるが、約四〇メートルの畝を一つ作るのも、なかなか大変だった。

これを一反分、全部手作業でやるなんて腰を痛めまっせと思っていたら、あれ、畑の隅っこに見えてるのは小型耕運機じゃないか？　どうやら妹が父に普段使ってない方を借りていたらしいのだ。手押しの耕運機は下につけられた何本もの刃の回転で土を耕してくれる一番基本的な農機具だ。よく見ると、耕運機の先に三角形の角みたいな付属品を付けることで、同時に畝も作れるみたい。一石二鳥じゃないか。半分以上人力でやってきたけど、ここからは文明の利器にあやかりましょう。

エンジンをかけるためスターターの紐を勢いつけて引っぱってみる。なかなか硬い。もう一回。ギュルギュルルルー、ギュルルルーとそれらしい音を立てたかと思うと、プスンと止まって一向に動かない。ゾエが、汗だくになりながら何度も引くがやっぱりかからない。おかしいよねえと、四人でいろいろとついてる手元のスイッチをいじっていたら、プスン、プスン、グルルルルルル〜！　ついにかかったー‼　やっぱり一人より仲間がいると知恵が何倍にもなる。こんな些細《ささい》なことで大喜びしながら、土に触ったり、いつもとは違う頭を使って、空と地を再確認するような一日だった。

畦に座って、母の作ってくれた南瓜《かぼちゃ》のカップケーキを食べ、妹の作った野草茶を飲み、農業楽しいじゃないか、と心底思った。作業だと思うからおもしろくないんだろうな。時に寝転がって空を眺めたり、野花を摘んだり、歌を歌ったり、そんな風に過ごしたら山登りのような一日ではないのか。黒糖できたら何を作ろう？　何キロとれるだろう？　一年目ってどんな味かな？　私たちは今は想像もできない未来の話をした。そうして五時のチャイムが鳴る頃、ようやく苗の植え付けが終わった。幸福な疲労感だった。

「四月にまた帰るから、そこで草刈りしようね」

と日にちも決めて、私は東京へ戻った。

それきり、一年間あの畑には行けなかったのだ。

新型コロナウイルスの猛威は想像以上にさまざまなところに溝を作った。父や叔父が言っていたことが現実になってしまった。

「おまえは東京に暮らしとるんだろ。農業はそんなに甘くないし、思ったとおりにはいかんぞ」

二拠点定住の生き方なんて今の時代簡単にできると高をくくっていた。緊急事態宣言が出て飛行機をキャンセルし、そろそろ行っても大丈夫かと連絡しては「ご近所の目があるから」と断られた。

妹が送ってくれる写真で、芽が出たと喜び、葉が生えたら「すごい、サトウキビらしくなったね！」と感動した。

七月のある日、妹からまた写真が送られてきた。

「ねえ、猿が何本か齧《かじ》ってる。でも食べてはないみたい。遊んでるのかな？」

「ええ!?　でも食べるならもっと思いっきり食べるよね。遊んでるだけじゃない？」

そのときは、数本が折られて捨てられているだけだった。ときどき、食べないレモンとか青い柿なんかを投げて遊んでいることがあるので、多分それだろうと思った。

一週間後。

「ちょっと、もしかして、これは食べてるのかも……」

次に来た妹からの写真には、齧られたサトウキビが何カ所か写っている。味見し始めているのかもしれない。ウルフピーという、狼のおしっこで他の動物を追い払う方法とか、カカシを作ってみたらとか、モンキードッグといって、訓練を受けた犬で猿を追い払う方法などを調べ、なっちゃんとも相談しはじめた。妹は動物園に電話して、狼の糞などを分けてもらえないか？　と相談したけれど駄目だった。

三日後のことだった。

「やられてしまった……全体の九割が食べられてる」

写真には無残に食い散らされた畑。七月は長雨続きで、妹も畑に行けない日が続いたのだという。雨のときは猿は山に潜んでいて出没しないのだ。

よく晴れた朝、胸騒ぎが的中したと妹は言った。お腹をすかせた猿が一歩早かったと悔やんだ。

これまで遊んでいるだけと思っていたが、ボス猿が偵察に来ていたのだろう。そして、梅雨明けを待っていたかのように決行した。猿は人間がまだ寝ている早朝に行動することが多い。多いと三〇匹の群れでやってくるから、ひとたまりもない。三〇分ほどで壊滅したのではないかと想像する。

私は電車の中で、頭が真っ白になった。「ウルフピーは猿には全然効果ないって書いているねえ」とか、「電柵高いけどやってみる?」とか悠長にメールしている間にやられてしまった。ダメ元でも、ウルフピーを試せば良かった。

猪を撃退する方法はいくらでもあるが、猿となると容易ではないと同じ町内で大農家をする人が言っていた。電柵も初めの方だけは効果があるが、知恵のある猿たちは私たちの秘策を次々に乗り越えていくだろうと。猿は四歳児くらいの知能があるそうで、三歳の甥っ子の行動を思い返すに、確かに一度失敗をしたからといって諦めない。違う手を練り直す賢さがある。天井まで完全に金網で覆うしかないが、この広さだと二〇〇万以上かかるだろう。

「猿に見つかったらもうおしまい」

そう言って土地を手放してしまう人の気持ちがよく分かった。

「苦労してここまで来たのに、こんなことなら太陽光パネルにしておいた方が良かったかな」

と母も弱気だった。

妹は、なんでも一人でがんばってしまう性格だ。梅雨明けの炎天下で、残っているサトウキビを一人で抜いて他へ移植するという。確かに二人は仕事があるから手伝ってもらうことは難しいが、言い出しっぺの私がそこまで妹に責任を負わせるわけにはいかない。

「ねえ、私明日帰るよ」

私は翌日の飛行機を予約しようとした。

「久美ちゃん、やめときな。もしもってことも考えられるし、それに猿よりも人間の方が怖いで。東京の人が帰ってきたなんて近所に知れたら、私ら村八分じゃ」

妹の言葉で冷静になって、私は帰るのをやめた。


苗を分けてもらうまでは、トントン拍子だったのに、頬をぶたれたみたいにいきなり計算通りにいかないことが続いてしまった。父や叔父の言うように、そんなに甘くはないみたいだ。

「猿も食べるくらいおいしいサトウキビだったんですね」とか「猿も生きてるから仕方ないですね」と慰めてくれる人がいるけど、それはきっと農業をしたことのない人だろう。頭では、私もそう思う。後で詳しく書くが、祖父たちのように枝打ちをしなくなって山と里との境界線をなくしてしまったり、温暖化を引き起こしてしまったり、人間がこの状況を作ってしまったのだから。

でも、なぜ都会で暮らす私ではなく、田舎で自然と向き合って地道に生きている人たちがそのしっぺ返しを受けなければならないのか。とにかく、ちょっとショックすぎる出来事だったから、「そうなんですよねえ」と笑う元気は出てこなかった。

ふりだしに戻るの!?

長い長い梅雨が明け、酷暑が続いていた。

年々気温は上昇し、もはや日中の農作業は命の危険を感じる。実際、農作業中に熱中症で亡くなる人を地元でもちらほら耳にするようになった。

農家という職業の仕事内容はあと十年くらいで変わるだろうと私は思う。今もハウス栽培が多くなっているが、モヤシやキノコのように工場で育ったものがスーパーに並ぶようになると思う。いちごやミニトマトなんかは、すでに大半が水耕栽培だと聞く。他の葉物野菜も、露地栽培で育ったものは少ない。

この先、さらに栽培の技術や種の改良は進み、栄養と水と光だけでほとんどの野菜が育つようになるのではないかと思う。スーパーに並ぶ、甘くて癖のない、野性的な力を感じない野菜。ニンジンもほうれん草も、子どもの頃食べていたものとはもはや別物だ。

でも、一概に批判も賛成もできない。なぜなら、気候変動の影響を一番に受けるのは農家だからだ。家庭菜園でさえそう思うのだから、スーパーに卸している農家さんなんかは、もう次のステップに進んでいる人が大半なんだろう。

母にも妹にも、午前中で農作業をストップするように電話する。

「そりゃそうよー。日中畑に出とったらパトカーが回ってきて、『もうその辺でやめて家に入ってください』って注意されるけん昼は休みよ」

と母が言った。妹も昼間は畑に出られないので別のバイトをしていた。

残った一割のサトウキビを、なんとか猿の出ないエリアに移さないと。妹は、サトウキビの苗をくれた黒糖BOYSのOさんに電話をして事情を説明した。「猿はサトウキビは食べないよ」とOさんが言っていたのに、食べまくることが証明された。Oさんたちの畑は海に近い方にあるので、元々猿が出なかったのだ。

「僕のサトウキビ畑に、植えたけど芽が出なかったところが何カ所かあるから、そこに移植したらいいよ」

と言ってくれたようだ。猿がまた来るだろうから一刻の猶予《ゆうよ》もなかった。妹は一人でなんでもがんばってしまう上にやれてしまう頑固な職人肌。人に頼って迷惑をかけるくらいなら全部自分でやってしまった方が気が楽という性格だ。いやでも、それじゃあチームでやっている意味がないじゃない。頼ることは信頼の表れでもあると思うもの。

私は、なっちゃんとゾエに連絡してみた。サトウキビを抜く日は難しいが、Oさんの畑に行って植える日はゾエが有給をとれるという。まさか有給をとってくれるなんて正直びっくりした。きっと、二人にとっても自分の畑になっているんじゃないかと思った。妹が思うよりも愛情を持ってくれているんじゃないかと。

そうして、残った三〇本ほどのサトウキビが抜かれて、Oさんの畑に移植された。ここなら安心だ。五年ものの先輩サトウキビに守られて大きくなれよ。しかし、こんな真夏に移植して生き付く（根付く）かどうかだ。その日から、平日は妹が、土日はなっちゃんとゾエが水やりに行ってくれることになった。後日ゾエからメールがある。「昨日畑に行ってみたら、まだ芽が生きているサトウキビがけっこうあるので再びOさんの畑に移植しました」と。みんな、指示を待つだけでなく観察して行動してくれるようになっていた。

八月、四〇度を超える日もあり、危険を伴う暑さだった。サトウキビはなくとも、草だけはどんどんと伸びる。草刈りをするにも熱中症対策で夕方から二時間ばかりだけなので、また次の休みに刈る頃には先週刈ったところが伸びているといういたちごっこだった。

「この暑さだから無理はせんとき。草伸ばしてたって仕方ないよ」

と私は言うけれど、

「駄目よ久美ちゃん。近所の人とお父さんがチクチク言うてくるんよ。こんなに草伸ばしてーって。草が伸びてその種が落ちたら、もう二度と水田には戻せんぞって」

「え、そうなん?」

「そう。草の種がばーっと広がったら一巻の終わりなんだって。手つけれんって。ねえ、サトウキビもないし、私ら他人の畑の草刈りしよるだけよ。あほらしいわ。もう畑を戻さんの?」

「えええ!!! それはいかんわ。無責任すぎるだろ」

「でもな、草刈りだけしてって流石に二人に私はもう言えんわ」

三人に任せっきりの私が何も言えることはなかった。草刈りを頼める人なんて誰もいないしなあ。そうだ! と思い出した。こういうときはプロの力を借りよう。私の飛行機代を草刈り代にあてるのだ。前に地元の行きつけのカフェで、便利職人さんに名刺をもらっていた。草刈り一時間三〇〇〇円と書いてある。すぐに連絡してみると、「了解しました! お引き受けしますよ! このくらいの広さなら半日で終わると思います」と。少し涼しくなる九月に草刈りをしてもらうことになった。

サトウキビがなくなった今、二人がこれからも本当に畑を続けていきたいかを聞いた方がいいと妹が言う。私含め、みんなの心が一回ぽきっと折れたのは仕方のないことだ。妹も秋以降は自分の農業が忙しくなってくるので、二人が自分主体で育てていく意思がないなら続けるのは難しいのではないかということだった。

数日後Zoomで会議をした。四人で顔を合わせるのは半年ぶりだった。私は正直ドキドキしていた。でもあの子たちができる限りがんばってくれていたのは私たちのためだけではないはずだ。きっと、自分の中で何かが芽生えはじめているからだと信じていた。そして、二人は開口一番、

「続けたいです。むしろ、あまり行けないことが迷惑になってないか心配していました」

と言った。ほっとした。畑が続くことにではなく、二人の中の土に対する愛情みたいなものが育っていたことにほっとしたのだ。良かった、二人はもうお手伝いではない。

「これからは、サトウキビに縛られない分、各々の育てたいものを自分で考えて、範囲を決めて好きなもん育てていこう。もちろん道具は勝手に納屋に入って使ったらいい。お母さんを師匠だと思って、なんでも聞いたらええ。お互いに遠慮しないこと！」

自分で好きなものを育てると、気になって頻繁に見に来るだろうし何より自分で育てた

野菜を食べられる喜びが背中を押してくれる。

大丈夫、猿に食べられない野菜はありますよ。ほうれん草、ピーマン、春菊や小松菜、匂いのきつい野菜は大概お猿さんは嫌いだ。ゾエは山椒《さんしょう》を育ててみたいと言っている。山椒は山椒でも辛味の際立つ中国山椒だそう。それから明日葉《あしたば》も珍しくて名前も縁起がいいからやってみようと言っている。うんうん。なんでも自分のやりたいことやってみたらええ。なっちゃんも、ほうれん草や、私の送った在来種を育ててみるそう。

妹が、道具のありかを教えて、昼からは農業指導に行くからそれまでに植えるところの草を引いて、軽く土をならしとくようにと先輩風を吹かせている。そうそう、その調子。なんでも思ったことを言い合うのが大事。そうでないと、お互いにストレスになるだけだ。三人のバランスが取れてきている。彼らには初めてのことがいっぱいで、それを楽しそうにキラキラしゃべっている。良かったー。私は胸をなでおろした。


そもそも、どうしてこんなに猿が出るようになったのかということだ。子どもの頃はここまで動物が山から下りてくることはなかった。

今はもう猿は山に住んでいる動物ではない。耕作放棄地の茂みの中や、お墓の横の竹やぶ、私たちの家のすぐ傍《そば》に住むご近所さんになってしまった。動物避《よ》けネットを三重にしても食い破ってぶどうを全部食べられたり、柿は、渋柿以外はここ七年は一度も私たちの口に入ってない。同じ町内でもOさんたちの借りている海沿いのエリアは猿が出ないが、山沿いの私たちの地域は壊滅状態だった。

原因は、人間の生活スタイルが変化したことが大きいだろう。その変化が温暖化を招き、さらに動物が山を下りるようになった。全てが繋がっていることなのだと思う。その代わりに、人間の生活は随分楽になり、お陰で解放されたり改善されたこともたくさんあるだろうから全てを否定はできない。けれども、今のままでは近い将来、日本全国で露地栽培は不可能になるだろう。

猿さん、山へ帰ってよう

四国山脈に囲まれた美しい私のふるさと。子どもの頃はここまで動物が出てくることはなかった。祖父と山へ行くとときどき猿を見かけたが、警戒心が強いため人間を見ると一目散に逃げた。猪も猿も人里へやってくることはなかったのだ。温暖化が進むのと比例して動物は人里に近づいてくるようになってしまった。数年前からは家の門の上に座ったり、悠々と庭先から出ていく姿も目撃され、畑の作物だけでなくベランダに干した玉ねぎまで食べられる始末。

私は祖父母と同居の七人家族だった。大正生まれの祖父は農業もしながら若い頃は製材所で働いていたので、地のことはなんでも知っているスーパーマンのような人で、山へ行って枝打ち（余分な枝を切り落とす作業）をしたり木を切ったりもしていた。庭でその木々をトーン、スパーンといい音をさせながら割り、薪にして、何かの蔓《つる》で縛って重ねたものが納屋の前に綺麗に積まれていた。

毎日学校から帰って風呂を沸かすのが楽しみだった。クラスでも薪の風呂の子はほとんどいなかったように思うので、やっぱり祖父が特別なおじいさんだったのかもしれない。軽トラに乗せてもらって山へ行き清水をくんで帰ったり、猪を獲《と》るための罠を見に行ったり、祖父のお陰で山がとても近くにあった。マタギのおじさんも近所に住んでいたので、みんなで猪を狩ってきては解体して、ブロックの肉をよく持って帰ってきた。ぼたん鍋や、イノカツが食卓に出ることもそう珍しくはなく、学校から帰るとその獣臭で「今日、猪だわ」と分かった。

高校生になった頃、祖父が「最近の若いもんは枝打ちをしなくなったから、山が荒れて足を踏み入れられん状態になっとる。これは、もうちょっとしたら大変なことになるぞ」と言うようになった。父も私も「へー」くらいにしか反応してなかったし、生活にはなんの支障もなかったため現実味がなかった。その頃の私は、部活と受験勉強一色で、家の手伝いはほとんどできなくなっていた。祖父だけが今から起ころうとしている何かを予測していたのではないかと思う。いつも「じいちゃんが死んだら全部分かるわい」と話の最後に付け加えた。

祖父が亡くなって十年近く経ち、野生動物が近くの雑木林へ住むようになっていた。山へ入り、祖父のような生活をする人は誰もいなくなった。国産の木はほとんど使われなくなり、製材所はいつの間にか潰れてしまった。私の家も薪の風呂ではなくなったので木は必要なくなり、必然的に人が山へ入らなくなった。もちろん登山へ行く人は多いが、それは名前のついた山だ。名前のない小さな山へ入る人はいなくなった。それは里と山との境界線がなくなるということだった。

ここから上があんたたちの縄張りで、こっちは私たちの縄張りだから来ちゃだめだよ。麓《ふもと》の山を整備することで、人の匂いや気配が残り、暗黙の境界線ができていたが、それがなくなり荒れた山の裾野は下へ下へと広がり、それをつたって猿も降りてくるようになったのだ。

そしてもっと大きな問題は、枝打ちをしなくなると山に日光が入らなくなるということだ。倒木も増え、蔦《つた》ばかりがからまり鬱蒼《うっそう》とした、動物さえも住めない森になってしまうのだと祖父が言っていたことを思い出した。こうして山に猿たちの食べ物がなくなっていったのも想像できる。

戦後、木材需要が高まり国が推奨して生長の早い杉の木を大量に山に植えてしまったことも祖父から聞いた。針葉樹の杉は広葉樹よりも育つのが早く、まっすぐ上に伸びるので建築材にするにも使い勝手がいいのだそうだ。しかし、杉は根の張り方が広葉樹のように広がらないので、大雨のときに地すべりを起こしやすいと言っていた。そして多くの針葉樹はどんぐりや栗のような猿たちが食べられる実をつけない。

それに、一度楽して食べることを覚えてしまったら、猿も猪も苦労して木の実を探すことをしなくなるのだ。木の実よりもおいしい、ぶどうや柿、トマト、なす、畑はビュッフェのように選《よ》り取《ど》り見《み》取《ど》り。猿の数は爆発的に増え、何より問題なのは人間を怖いと思わなくなったことだ。数年前までは人里へ降りてきても追い払うと逃げていた。しかし今は、歯茎を見せて威嚇《いかく》してくるようになってしまった。猿の牙や爪で子どもやお年寄りが襲撃されたらひとたまりもないだろう。全国では熊が集落へ出てきている地域もある。食べ物の被害だけですめばまだいいけれど、年々動物への危機感は募《つの》っていく。

猿対策に関しては、市役所が開いている講演に行ったりもしたけれど、本で調べたことと同じような内容で根本的な解決策は見つからなかった。

人に近い姿をした猿を撃つことに抵抗があると数年前山で出会ったマタギの方が言っていたが、その気持ちも分かる。松山市などはモンキードッグといって訓練をうけた犬が猿を山へ追い返すという方法にも乗り出しているみたいだが、私の市は大規模農家がほとんどいない地域なので、問い合わせてみるがあまり農業支援に力を入れてくれない。

「猿との知恵比べじゃ」と近所のおじさんが言っていたけれど、猪や鹿に比べて頭の良い猿を追い払うことは至難の業だった。今になって祖父に学びたいことばかりだ。

山のギャング現る

九月、春菊やほうれん草、明日葉、妹はニンニクも植えた。どれも匂いがきつめで、猿くんよ、これなら食べる気にもならんでしょう。ほっほっほ。

一カ月が経ち、野菜は芽を出し、すくすくと育っていった。歯がゆいのは、私が相変わらず愛媛に帰ることができないことだ。写真で畑やみんなの様子を覗いて励ますことしかできなかった。

私も、東京の小さな家庭菜園に同じように種をまき、同じように芽が出て生長する喜びを感じていた。愛媛でも無事育っているかなあと思いながら。

今年の二月にサトウキビを植えてから、なっちゃんとゾエはまだ自分で作った作物を口に入れられていない。早くその喜びを味わってほしい。きっと実際に自分の手で育てた野菜を食べたら何かが変わるはずだ。今度こそは上手くいくといいなあと、祈るような気持ちだった。

ところが……妹からＬＩＮＥが入る。

「大変。今度は猪が出た。畑の中で暴れまわったみたいで野菜がめちゃめちゃになっとる」

写真には、せっかく生長し始めた野菜が土ごと掘り起こされている。私は青ざめる。もうここでは農業するなってことだろうか。猪は夜行性なので、夜の間に畑に侵入し、土の中にいるミミズを掘り起こして食べたのだろう。農薬や除草剤を使っていないので、ミミズもたくさんいておいしい土なんだ。猪は泥遊びが大好きだから、ふかふかの畑の中で暴れまわりたかったのだと思われる。

うーん。これはなんとか対策を考えなくてはいけないなあ。猪は猿とは違って、上に登ったりネットの下をもぐってまで侵入することはない。体の一番前にある鼻先でちょっとでも異変を感知したら、それ以上は入ってこない用心深い性質だ。鉄の杭《くい》を数十本買って、畑の周りに打ち込み、そこを網でぐるりと囲めば大丈夫だろう。

夜行性なので作業中に出てこないとは思うが猪は牙があるから怖い。その後、まだ出てきていないようだけれど、早めに柵をしないといけない。動物の出ない地域と比べると何倍も農業が大変な土地だ。

残った野菜は順調に育っていき、ついに葉ができはじめたようだ。葉物は生長が早いから楽しいね。春菊は九月に植えて十一月末には食べられるので約三カ月で育つのだ。私が今作っているオランダ豆だと、十月に植えて春にできるから半年かかる。蔓が伸びてから豆がつくので二倍の長さがかかるのだと思う。初心者には、早めに喜びが味わえる葉物がお勧めだ。中でもほうれん草や春菊といった虫にも強い、味や匂いの濃い野菜が育てやすい。白菜や大根は虫に食べられてなかなか上手に生長しなかったりする。

十月末、なっちゃんから、生長途中の春菊やほうれん草の写真が送られてきた。

「間引いて、少し家で食べてみたらいいよ」とメールする。ぎっしりと並んでいるので、多少間隔を空けるためにもところどころ間引いて早めに食べるのがいい。

大根やかぶ等の根菜も、種を適当にまいておくと、ぎっしりと芽を出す。十センチくらいは間を空けないと全部が小さくなってしまうので、葉っぱが生長した頃に抜いて、別の場所に植え替えるか、葉っぱのうちに湯がいて食べる。「大根葉」とか「大根菜」と呼ばれて農家しか味わうことのできないこの時期のご馳走だ（市場等でもこの時期には売られているかも）。

「味付けなしで食べましたが、春菊の味がしましたよ〜！」

というなんとも初々《ういうい》しいメールが届いた。なるほど、自分が育てた野菜が、売られているのと同じ春菊の味がしたことに感動したんだなあ。

「もっと食べたいです」

そうだよね、きっと、もっともっと育つよ。イノシシくんだけなんとかしないといけないねえ。あとは、メンバーがもう少し欲しいなあという話になる。畑が広すぎて三人ではとてもじゃないけれど使い切れないのだった。だけど、猿も猪も出る畑で一体誰が一緒に作ってくれるかなあ。作っても食べられたり掘り起こされる可能性がある。そして、夏は草を放置しておいたら近所の人に叱られる。作物を育てるだけじゃなくて、近隣の人との関係作りが大変なんだなあと思うのだった。

サトウキビ、猿にやられてしまった……

第5章

生命を食べる

種は誰のもの？ 前編

一昨年の夏、宇和島市吉田町の奥南という地域の友人の家を訪れた帰りに、「久美子ちゃん、近所のおばあさんにもらったんだけど、これ食べる？」と渡された一本のキュウリ。在来種で、確か「平家《へいけ》キュウリ」と呼んでいた。

四国の山間部は平家の落人《おちゅうど》が住んでいた村ばかりだ。私たちの地域にも平家伝説は多く残っている。男の子が生まれても鯉《こい》のぼりを立てなかったそうだし、キュウリを育てることを禁止したと聞く。鯉のぼりは目立つし、男の子がいると分かったら狙われる恐れがあったからだろう。キュウリは、支柱を立てて育てるから目立ったのかもしれない。山の小学校だったので、さらに奥地から来ている〝真鍋さん〟はみんな平家だと聞いた。平成になっても鯉のぼりを立てない真鍋さんもいたし、うちは平家の末裔《まつえい》じゃからキュウリは育てられないんじゃというおばあさんもいた。まだ源氏《げんじ》の襲来を恐れているらしかった。

もらった平家キュウリは太くて短く、色も黄色く瓜《うり》のようだ。キュウリには見えない。

なるほど、だから平家キュウリなのか。これならあのおばあさんも安心して育てられるだろう。同じ県内でも私の住んでいる地域では育てている人を見たことがないし、産直で並んでいるのも見たことがない。どんな味がするのかなあ。もしかして甘いのかも。実家に持って帰って夕飯に切ろうとしたとき、母が、

「ちょっと待った！　食べたら一回で終わるけど、種をとって畑で育ててみたい」

と言い出した。ええー。天才的。母はいつも熟《う》れさせて腐らせて、種をとるのだった。その年は食べるのを諦めた。

母は、こうして各地の珍しい野菜を育てるのが好きだった。姉が旅先で買ってきた野菜や果物の種を畑に植えて、半分くらいの確率で成功させていた。売ったりはせずに家で食べて喜ぶだけだ。あ、こういう人が羽目《はめ》を外して売り始めたりするのが怖くて、一代で終わってしまうF1種に変えられてしまったんだろうか……というのは冗談だが、種っていうのは著作権がないわけだ。

私たち作詞家や作曲家には著作権があって、CDを買ってくれたりカラオケで歌われたりすると、制作者に細かく印税が分配される。けれど、種には権利がないことが通常だった。朝顔だって、ゴーヤだって、近所の友だちに種をもらえばいくらでも育てられる。これまでなんの気なしにとっては育てたり交換しあってきた種って誰のものなんだろう？

海外からの持ち込みは輸入検査が必要とされているが、地方の在来種の野菜なんかも、種をとって育てたらいくらでも増やすことができる。果樹に関しては禁止されているものも多いが、売ることに規制がある野菜はごく一部である。うーん、種って誰のものなんでしょうね。

分けてもらったサトウキビだって、順調に育って砂糖にして売り出したとしても、「うちのサトウキビの苗を使ったのだから、著作権料を何パーセント渡してください」と言われることはない。ただ、野菜や果物や米に「ブランド」としての価値がつきはじめた昨今、種に対しての価値観が変わってきたともいえる。

平家キュウリをくれた友人たちが育てている宇和島名産の「紅まどんな」もまさにブランド果樹だ。「愛媛果試第28号」という可愛くない名前で二〇〇五年に品種登録された。そしてJA全農えひめで品質基準をクリアしたものだけが「紅まどんな」として全国に出荷される。正真正銘の「紅まどんな」は県内でも一個最低六〇〇円はするサラブレッド。愛媛の産直に行くと、「紅まどんな」になれなかった予備生みたいな子が箱詰めされ販売されているのをよく見かける。「味は紅まどんなと同じです！」というポップがついて、「紅まどんな」の七掛けくらいで売られている。地元の人の多くはそっちを買う。「愛媛果試第28号（紅まどんな）」は愛媛でしか栽培が許されていない。県外で育てている人がいたらそれは違法になる。そうやって農家さんや開発者を守っている。

小学生の頃に、巨峰の開発に人生を捧げた育種家の大井上康《おおいのうえやすし》さんの伝記を読んだ。大正時代にぶどうの研究を始め、渡仏し雨の多い日本に合う品種をひたすら考える。土壌改良から始まり、種の交配も失敗の連続。当時は一年に一度しか植え付けの実験ができなかったのだ。ついに大井上さんは亡くなる直前に栽培に成功するが、戦争中だったので巨峰の育成方法が広まることはなく、弟子たちにその研究は引き継がれていくという苦難の人生だった。

今、当たり前に食べている巨峰が、人の一生を費やして作られたものなのだと知り私は衝撃を受けた。デラウェアでも十分おいしいと思ったが、そのデラウェアも誰かが開発したものなのかもしれないと思うと、この世にある果物や野菜で人の手が加わっていない種というのは、登下校の山道でとれる山葡萄《やまぶどう》やアケビやザクロくらいなのかもしれないなと思ったのをよく覚えている。畑で自然に作られているように見えるけれど、自然に生まれた果物や野菜など、ほとんどないのだ。

「紅まどんな」は「南香」と「天草」という二種類の柑橘をかけ合わせて出来ているが、その二種類に行き着くまでに何百パターンもの交配を試みたに違いない。研究にすごい資金と時間と人生が費やされてきたのだろうと想像すると、それが数年後には日本中のみかん農家が作るようになっていては悔しい。だから規制をかけるのは分かる。

では、スーパーに並ぶ、日常の野菜たちについてはどうだろうか？　そもそもブランド果樹とF1種を同じ土俵で議論してはいけないのかもしれない。前述したように、今、世の中に出回っている野菜のほとんどが、一代限りで終わるように開発されたF1種という種からできた野菜だ。まず、私は生物として違和感がある。ほとんどの生物が何千年と自然に種を残し、そこから新たな芽が出ることを繰り返してきた。その当たり前を人間が作為的に止めてしまっていいのかという疑問がある。

そういうものしかスーパーに並んでいない現状。F1種からできた野菜を毎日食べて平気なのだろうかという不安もある。F1種は生殖能力などに悪影響を及ぼすという記事も見かける。

一方、F1種は食料自給率の低い日本にとって革命的だと言う人もいる。生産性、均一性、病気への強さから考えると、大量生産に向いている方法だと私も思う。気候変動がこれだけ問題になっている世界で、それでも毎日スーパーに同じ形の野菜が安価に供給されていることを普通と考えるなら、昔のやり方では農家さんがやっていけないだろうと思うからだ。

結局、生き方の問題になってくる。違和感のない人は、今のままでいい。嫌な人は在来種の種屋さんで買って（私はそうしています）育て、種を繫いでいく。もしくはそういうお店で野菜を買う。一番大事なのは、知ることだ。知っていろんな人の意見を聞き、文献を読み、そして最後は自分で考え選ぶことだと思う。

ちょっと待って、Ｆ１種って何？　という方も多いですよね。また次項で説明しましょう。

平家キュウリは、今年順調にたくさんの実をつけました。水分少なめのしっかりしたキュウリで、味噌をつけて食べると最高においしい！　やっぱり、種を繫ぐっていい。

種は誰のもの？ 後編

九月、母から「オランダ豆」と「スナップエンドウ」の種が届いた。少し肌寒くなってきた頃、その種を畑とプランターに植えた。三日〜一週間すると、可愛らしい双葉が順々に出始める。蔓が伸び、みるみるうちに生長して朝起きるのが楽しみになった。

でも、伸びるのはオランダ豆だけでスナップエンドウは一つも芽を出さない。母に電話してみると、

「やっぱりそっちもかー。愛媛でもスナップエンドウは一つも芽を出さんなあ。あれはF1ゆうやつじゃけんなあ」

F1て分かっていたのに送ってきたんかい。見た目は同じ豆なのに、一つは盛大に伸び、一つは全く芽を出さない。これが「F1種」の実情だ。オランダ豆は、祖母の代から何十年も繋いできた「固定種」。一方、スナップエンドウは去年ホームセンターで買った種からできた豆からとったものだ。今、スーパーなどに並ぶほとんどの野菜がこの「F1

種」から育ったもので、一代限りで終わってしまう「一代交配種」と呼ばれる。強いものどうしを交配させ種苗会社によって人為的に作られたＦ１種は、子孫を残せない。よって、毎年種を買わないといけないシステムになっている。

二十年以上前、祖母がスナップエンドウの種を買ってきたという。それまで、きぬさやはあったけど、スナップエンドウは出始めで、食べたこともなかったそうだ。新しい野菜を育ててみようと、いつも通り市場で買った種から育てる。その年はたくさん豆がとれて、他の野菜と同じように熟れさせて種豆をとり、翌年にその種を植えたところ……芽が出ない。一つも出ない。出ないからまた市場で種を買う。育て方が悪かったのかなと、同じように種をとり翌年植えるもやっぱり出ない。

前項で書いた、種の著作権は誰のもの、という話とも繫がるが、こうして種苗会社のビジネスが成り立つのだ。本来は、お百姓さんの中で受け継がれていくもので、種だけで生計を立てるという概念はなかっただろう。当時、祖母は母に電話で「スナップエンドウは、アメリカから入った一回だけしかできん種じゃから、毎年買わないといかんようになっとるんじゃな」と話し、すでにそのときに異変を感じていたという。祖母は農業雑誌や本をよく読んでいたので、その頃から一代交配種について知っていたのかもしれない。母も、スナップエンドウは種が発芽しないと分かっていても、癖で他の野菜と同じようにとって実験してしまうそうだ。やっぱり今年もダメだったというわけだ。

日本にＦ１種がじわじわ広まってきたのは、私が生まれる前。研究は戦前からされていたというので案外と歴史は長い。ただ、祖父母も地域の人も種を買わず毎年採種して植えるのが普通だったので、気にすることもなかった。その頃のＦ１種の多くは日本で作られたものだった。母は今も祖父母から受け継いだ固定種の野菜を育てているが、周りの人たちはほとんど種をとらずに買うようになってしまった。その方が楽だし、Ｆ１種の方が綺麗な野菜が育つと聞く。お米もそうだ。Ｆ１種の苗を農協で注文して買う。

祖母に似て母も私も実験好きである。お土産でもらった珍しい野菜や果物を見ると、つい植えたくなってしまう。東京の庭にも飛ばした枇杷《びわ》の種が発芽して三年、そろそろ実がつきそうだ。子どもの頃から、スイカや、マンゴーや、パッションフルーツや、いろんな果物の種を吐き出しては庭や畑に植えた。マンゴーは発芽するけど寒くなったらすぐに枯れた。パッションフルーツはものすごい勢いで外壁に絡みつき、放置して五年経つ頃にはジャングルみたいに外階段や雨樋《あまどい》にからまった。実もならんのだから引き抜こうと相談していたら、それを蔓が聞いていたのか、その年初めて実をつけた。感動してみんなでちょっとずつ食べた。

そんな母であるから、Ｆ１種の野菜の種からも自家採種することに成功しているのだった。というより母は、Ｆ１種だと私が教えるまでは意識してなかったらしい。母は天然でＦ１種の野菜から種をとり増やし続けていたのだった。

「最近、あまり芽が出てくれんのよねえ」と十年ほど前に母が電話で言っていたが、きっとそれはＦ１種と気づかずに自家採種に孤軍奮闘していたときだったのだ。天候不良なんかで種が全滅する年があって、どうしても種を買わないといけないとか、足りないとかなってしまうこともある。ところがとった種から翌年は芽がほとんど出ない。これはどうしたことか。母はめげずにＦ１種の種からとれた種子を翌年も植え続けた。

その実験の中で分かってきたことがあるという。アブラナ科の、大根、青梗菜《チンゲンサイ》、それからウリ科のキュウリ等はＦ１種の種からもかろうじて繋ぐことができているという。けれど、種を一〇〇まいて芽が出てくるのは一〇〜二〇だと。通常なら八割は発芽するのでその時点で自然ではないが、アブラナ科の種はかろうじて発芽するので、大量にまいて出てきたのを植え替えて育てる。

ただ、Ｆ１種の二代目は虫に食われやすかったり雨で腐ったり、固定種にくらべると育てるのが大変だ。それでも、何年も種をとり続けていくと、発芽率は上がって、だんだんと固定種と同じような状態で育てることができるようになるそうだ。

Ｆ１種の中でも「雄性不稔《ゆうせいふねん》」というもっとすごいのが出てくる。これはアメリカで作られたＦ１種で、まさに先程のスナップエンドウがこれだ。Ｆ１種の豆やトウモロコシの多くは雄性不稔種だ。母が実験してかろうじて育てることができたアブラナ科の野菜は、同じＦ１種でも、雄性不稔種ではなかったため何年もがんばれば種を増やすことができた。「雄性不稔」という漢字からも分かるが、花は咲くけど雄《お》しべがない。これでは受粉をしないから種ができないということになる。最近はＦ１種の多くが海外産でアメリカのものが多くなっている。そうすると、この雄性不稔の種が増えて、いよいよ子孫が残せない。

昔は愛媛の近隣の家でも家庭菜園でみんな野菜を育てていたが、今は「スーパーで買った方が楽」という考えを持つ人が多く、農地は余っているが畑にいる人を見かけなくなってきた。鳥獣被害や自然災害もあって、昔より育てるのが大変だということもサトウキビで身にしみた。このように食料自給率の低い今の日本や、世界中の食糧難を救っているのはＦ１種でもある。発芽率もよく、収量もたくさんあり、また病気にも強いＦ１種は、安定してスーパーに野菜を供給することができるのだ。さらに収穫の時期が同じになるので、流通を安定させやすく、大規模農家さんからしたら便利な点が多いだろうと思う。

農業について語るとき、誰の視点で語るかでかなり内容が変わってくる。農家さんの視点や食糧危機の観点から見るとＦ１種は革命的だろう。しかし従来の農業の視点や、生物本来の姿を考えると種を残せないことは不自然だ。まだまだ思うことはあるが、ここから先はそれぞれが自分で調べ、考え、選んでほしい。これを機会により食や農に興味を持つ人が増えたらいいなと思う。

オランダ豆はプランターの方が元気に育っている。固定種の種を手に入れるのは簡単なことではないけれど、今はネットで取り寄せることもできるし、固定種の種を販売する「野口のタネ」は首都圏の一部のジュンク堂書店でも販売されていて、私はよくジュンク堂で買う（ネットでも買えます）。本を買うくらい気軽に種を買って、プランターで育ててみてほしい。

うし年の、お肉の話

先日、友人の中村まやさんが鹿肉を持ってきてくれた。猟師でライターの二十代女子である。数年前、狩猟免許を取りたいと一念発起し、見事に合格すると彼女は仕事を辞めて本当に猟師になっていた。驚くべき行動力だった。師匠と呼ぶ人々について東北や北海道の山に入っては鹿や猪を狩り、ときどき私たちに持ってきてくれた。

「狩猟は集団で行うんです。じりじりと獲物を追い詰め、数百メートル離れたところの鹿を師匠は一発で仕留めるんですよ」

その頃、彼女はまだ初心者で、そんな神業《かみわざ》はできるはずもないと言った。それに彼女の銃は至近距離でしか撃てないタイプで、「とどめを刺せ」となって初めて役目が来るようなのだ。苦しませずに殺すために首にとどめを撃ち込むのだそうだ。

彼女はいつも飄々《ひょうひょう》としているが、この間はあまりに大きな蝦夷鹿《えぞしか》を前に銃を構えた手が震えて、涙と自分の息とでぐちゃぐちゃになって焦点が定まらなかったと話した。「馬鹿野郎！」と怒られ、師匠がとどめを刺したそうだ。

その蝦夷鹿の、とんでもなくでかいモモ肉を持ってきてくれた。赤く引き締まった艶《つや》やかな塊は鶏二羽分くらいの大きさがあった。聞くとそのオスの蝦夷鹿は推定一五〇キロだそうで、大きすぎて雪山から運べなくて泣く泣く一人二〇キロずつモモを背負って山を下りたそうだ。

「え〜！　もったいないねえ。運ぶ人がいたらもっと持って帰れるの？　私、運び屋で手伝いに行きたいなあ」

「そう、運ぶ人がいたらもっと持って帰れるのにってては思います。でもちょっとした気配でも逃げちゃうから、大人数では行けないし、久美子さんは無理だと思うなあ。目印つけて後で取りに来るんだけど、もう他の動物に食べられちゃってるんですよ〜。悔しい〜」

へらへら笑っているけど、彼女が涙でぐちゃぐちゃになりながら蝦夷鹿の魂と対峙し、師匠たちと雪山から下ろした貴重な肉を食べさせてもらっているのだと思うと、私も心していただこうという気持ちになる。鹿しゃぶや、鹿ローストは、しっかりした噛《か》みごたえで本当においしい。お肉だが、木の実や土のような味がする。自然の中を駆け回って、木の実や樹葉（足りないときは樹皮も）を食べていたからだろう。臭みがないのは仕留め方と捌《さば》き方が上手いからに違いない。

「この辺りは匂いがキツイから捨てていいよ」と外側の肉を剝がしながら料理人である彼女の夫、中村拓登《たくと》さんが言う。それが大皿にもりもりある。

「燻《いぶ》してビーフジャーキーにしたら食べられるかもしれないですけどね」と言うので、私と夫は、冷凍していたソミュール液（ニンニクやハーブ、スパイス、塩、砂糖、胡椒と水で作った液体）に漬け込んだ後外に干した。桜のチップで燻して蝦夷鹿ジャーキーを作ってみようと思う。燻製《くんせい》はときどき夫が作ってくれるが、鹿ジャーキーは初めてで、どうなるか楽しみだ。

さて、今まで農地や種の話ばかり書いてきていたのに、ここにきて肉の話をするのは、先日行われた「新春みかんの会」（一七三頁で詳述）で話題に上ったからでもある。おやつ屋の千葉奈津絵さんとトークしていて、最近気になることが「お肉について」だと彼女も言った。彼女は、鳥インフルエンザによって大量の鶏が殺処分されている現状に何かがおかしいと疑問を持ち、肉について考えるようになったそうだ。

私もずっとこのニュースの報道のされ方を不気味に思っていたし、こんなにたくさんの鶏が食されていることにも驚いた。自衛隊が出動して一日に一二〇万羽の鶏が処分されたというニュースだった。一日にだ……。何百万羽という鶏が食されずに殺されている現実。「処分」と書くと、まるで物のようだが、それは全て命だということ。二本の足で動き、餌を食べ、まばたきをし、眠る、生命である。人間の都合で生まれ、人間の都合で殺されるのかと思うとやるせなかった。一二〇万羽、世田谷区の人口より多いのだ。もし猫が、犬が一二〇万匹殺処分されるとなればみんな黙ってはいないだろう。鶏ならいいのだろうか。元々食べられるために生まれてきているから殺されても不思議はないのだろうか。

病気だから仕方ないとはいえ、鳥インフルエンザ、狂牛病や豚コレラ、数年に一度のペースで畜産の病気が流行している気がする。渡り鳥から広がったウイルスのようだが、私たちへの警告のようにも感じられるのだった。

これだけの鶏や卵を食べる我々がいるから人工的に命を作っているわけで、食品トレーに並べられた切り身や、コンビニで真空パックされた鶏肉は、鶏ではなく食品としてしか見られていないだろう。それらは、生きていたものである。そういう私もときどき鶏を食べる。豚や牛も食べる。やっぱり体に必要なタンパク源なんだろうと思う。外食では気にしないけれど、うちでは抗生物質やホルモン剤を打っていない平飼いの鶏や卵を買うようにしている。より自然な形で成長した鶏を感謝しながらいただくことを意識している。

けれど、自分で捌いてはいない。野菜も魚も自分で捌くのに肉は捌けない。それはやっぱり人やペットに近い生き物だと認識しているからなのだろう。それともこれも慣れの問題なのかな。小さいときから捌くのを見ていたらできていたのかもしれない。まやさんの話を聞きながら鹿肉を口にするときとは、やっぱり意識が違うなと思う。

サスティナビリティーの意識が少しずつ日本にも浸透しつつあるが、世界の温室効果ガスの総排出量の内、約一四パーセントが畜産業によるものだそう（二〇一三年、ＦＡＯ報告書）。これは盲点だった。鶏も牛も生きているから私たちと同じように息をし、二酸化炭素を出すもんね。

特に牛は胃に入れたものをまた出して咀嚼《そしゃく》してを繰り返し、ゲップもたくさんするから、他の家畜に比べても多くの温室効果ガスを出すのだとか。ゲップ時に発生するメタンガスは、二酸化炭素の二五倍の温室効果を持っているとされる。また畜産業で出る温室効果ガスの内、最多を占めるのは、飼料の製造や加工、輸送等で排出されるものだという。餌にする分の穀物を人が食べ、肉食を少し減らすことで、環境にも優しくなると考えられる。

一方、日本で害獣として捕獲された猪や鹿のほとんどは食べられずに廃棄されている、とまやさん。食肉化を考えた狩猟をできる方はほとんどいないそうだ。前述したように、とどめを刺すときに首を狙うというのは肉に血がまわらないようにするためでもある。内臓を撃つと飛び散り血がまわって臭くなる。

私も、子どもの頃から祖父たちが狩って捌いた猪肉を食べていたが、そりゃあもうぼたん鍋の日なんて部屋中が臭かった。多分、思いっきり血がまわっていたんだろうなあ。狩猟免許に加えて、おいしく食べるための撃ち方や捌き方を習得した人がもっといたら、ジビエが食卓に並ぶ日が近づくのかもしれない。


そんなわけで、リモート「みかんの会」は、柑橘の話ではなく、もっぱら肉の話で盛り上がった。「捨てられている鹿肉をスーパーにも流通させられたらブロイラー的に大量飼育されている牛や豚や鶏を減らせるんじゃないかな」「スーパーなどで流通させるのはみんなに馴染みがないから難しいんじゃないか」「田舎だと近所だけで食べられているよ」「ウイルスや細菌、寄生虫を持っている可能性があるから下処理が大変」などが挙がった。

北海道の方が「むかわのジビエ」という団体がジビエを通販してがんばっていますよと言う。四国でも、よく行っている徳島県の那賀《なか》町は山林に囲まれた町で、ジビエに加工する施設を町で持ち全国への通販も行っている。お肉においてもサスティナビリティーを考えた町が増えてきているのはいいことだなあと思う。食べ慣れてないと抵抗もあるかもしれないが、一度食べるとその引き締まった自然の味わいに魅了されるはずだ。

北の大地へ

前編

四月中旬、ダウンコートを鞄《かばん》に押し込んで、とかち帯広空港に降り立った。空港のベンチで待っていると「久美子さーん！」と中村まやさんがロビーに飛び込んできた。まやさんは、蝦夷鹿を狩猟するために一月から十勝に来ていた。彼女が北海道で狩猟できる期間は二月で終了していたが、師匠の手伝いなどをしながらこちらで暮らしていた。

私は、彼女が獲り解体した鹿肉を度々譲ってもらい食べていたので、そのお肉がどのような場所で生きていたのか、どのように解体され私のもとに来たのかを知りたくて彼女を訪ねたのだった。

雨の予報を打ち消す晴天、「だって私たち晴れ女だもんね」と笑いながら、彼女の車で走る走る。ああ、空が広いなあ。家がほとんどない。車とすれ違うこともない。真っ直ぐに伸びる道を走れども走れども同じ景色が続く。白樺《しらかば》並木の両側に、見渡す限りの畑が広がっている。一つの農家さんで小さくても東京ドーム五個分とかだそう。トラクターも納屋もアメリカサイズ。私たちの段々畑がレゴに思えた。茨城や宮城の農地の広さにも驚いたが、比にならぬ。北の大地に面食らってしまった。

「ここはカルビーのポテチ用のじゃがいも畑だよ」

「ここは雪印の工場ね」

と、まやさん。すっかり十勝の子になっている。これだけ田畑が続くが太陽光パネルが並んでいる場所を一度も見なかった。日照時間のこともあるだろうし、職業として農業が成り立っているのだろうと思った。


狩猟をするからさぞ山奥なんだろうと思っていたら、彼女の住んでいる広尾町は、地図で見ると十勝の中でもかなり海沿いの地域だった。広尾町に行ってまずびっくりしたことは、海岸から道一本隔てた目と鼻の先が山であるということ。その山からは滝が激しく流れ落ちている。こんな地形って珍しいと思う。実際、まやさんの師匠の白幡定《しらはたさだむ》さんは、猟師であり漁師だった。

山では猟友会が年間に数百頭の鹿や熊を狩り、海では魚介類が獲れ、少し歩けば田畑が広がり、さらに車を走らせれば五分に一軒の間隔で牛舎や牧場をみかける。

まやさんは、広尾町の菊地ファームという酪農家の離れ（本当に離れている！）に間借りして住んでいたので、私も酪農体験などさせてもらいながらまやさんの家に泊めてもらうことになった。菊地さんの奥さんの亜希さんが、さらっと「広尾町は自給率が一二〇〇パーセントだからね」と言う。私は耳を疑った。なんと、一人で一二人分のエネルギー量を賄《まかな》える食糧を生み出しているということらしい。十勝は日本の台所なのだ。クラスメイトのほとんどの家が漁業か農業か酪農等の第一次産業だったと地元の子が言っていた。もし日本が鎖国しても平気でやっていける逞《たくま》しい町だ。

車で海沿いを走れば、漁師さんたちが採った昆布が家々の軒先に布団のように干されている美しい風景。〝拾い昆布〟と言って、海辺に打ち上げられた昆布を採っているという。最盛期は昆布が育ちきって抜ける夏から秋頃だが、比較的いつでも採れるそうだ。

東京ではなかなかお目にかかれない本シシャモも広尾の名産だ。シシャモは鮭《さけ》と同じように河川に遡上《そじょう》して産卵する魚だというのも広尾に来て初めて知ったが、現在は北海道のわずか五河川に限られるそうだ。今まで食べていたシシャモよりも身がふわふわで味も濃く別物である。シシャモというと卵のイメージだったけれど、雄の方がおいしいことにも驚いた。

まやさんの家に、タコやキンキ等を持ってきてくれたのが漁師の保志弘一さんだった。

私と同世代の保志さんは色白（冬は白くなるそう）で文学少年のようなルックスだけれど、話してみると広尾の海を愛してやまない根っからの漁師だった。

漁師の高齢化や漁獲量の激減等、ニュースでもよく耳にしていたが、広尾町でも現在およそ一二〇軒ある漁家が五年後には六〇軒に減るだろうと保志さんが話してくれた。漁師は世襲制で新規参入が認められていない（広尾町の漁協組合の場合）という話も目から鱗《うろこ》だった。

数年前まで一籠に一〇匹は獲れていたカニが、今では一匹か〇匹のときもあり、徐々に規模を縮小しているという。無理に人を増やしたり漁獲高を上げたりするのではなく、新しい漁業のあり方を模索したいと言っていたのが印象深かった。それは、新しい農家のあり方を模索する地元のみかん農家の友人たちの考えとも似ていた。保志さんは、仲間がほしいし勉強したいからと他の漁師町へ出向いて、さまざまな交流を深めている。

広尾町はシシャモや時しらず（春から夏に獲れる鮭。産卵期でないため脂がのっておいしい）も有名だが、昆布が名産だ。まやさんは車にいつも昆布をつんでいて、ガムの代わりに昆布を噛んでいる。北海道で一時間車を走らせるのは本州での十五分の感覚らしく、二、三時間は朝飯前。車の中でお腹が空いたら昆布をパリポリ食べるのである。噛めば噛むほど出てくる旨味、止まらないし止めなくても健康食だもの。

後日、保志さんの昆布小屋を見学させてもらった。薪のように美しく積み上げられた昆布の隣で大きなナイロン袋にパンパンに押し込まれた切れ端の昆布がある。

なんと、広尾の昆布は一三等級にもランクが細分化され、一等や二等のものは高級料亭等で高く売買されるが、カット後の半端の昆布は、たとえ一等のものでも他の等級の切れ端と一緒にタダ同然で販売されるそうだ。私は実家のみかんのことを思い出していた。形の悪いものや皮に傷のあるものは全てタダ同然の値段でジュースに加工されていく。こだわりをもって丁寧に作っても、基準を満たさないとタダ同然の方のコンテナに積み上げられる切なさ。海の世界でも同じことが起こっているんだなあ。

クズにされてしまう昆布を独自に商品化できないかと、保志さんや仲間たちは試行錯誤を続けていた。長さが規定に足りないというだけで味も艶も一等品。保志さんたちの新しく開発しようとしている商品の話も少し聞いたけれど、家庭においしいと便利が一緒にやってくる画期的な方法だ。もうじき商品化される予定だそう。

乳製品をこんなに食べたのも生まれて初めてだった。一週間十勝にいたが、いろんな牧場を巡りながら毎日、チーズ、ヨーグルト、牛乳、ジェラート、食べましたねえ。飼料や育て方で牧場によって味にも個性があり、食べ比べができるのも十勝ならではだ。

菊地ファームの菊地亮太さん・亜希さんご夫妻も私と同世代だが、なんとこの土地へ来て新規で酪農を始めたパワフルな二人。数名の若いスタッフたちと八〇頭の牛たちを束ねる。牛に飼料をあげるお手伝いや搾乳体験をさせてもらった。

「是非一頭一頭の表情を覚えて帰ってください。牛乳が生き物の乳なんだということを感じてもらえたら」

と菊地さん。確かに、よく見ると一頭一頭性格が違う。食べるのが早い子、人見知りタイプ、好奇心旺盛な子、人間のように個性がある。種類でも性質は違い、茶色のブラウンスイスは好奇心旺盛で人懐っこいけれど、白黒の柄をしたホルスタインはシャイで日本人気質なのだとか。

菊地ファームでは、牛たち全員にヒナコとか、アイスとか名前をつけて家族のような距離感で育てている。人も牛も互いへの眼差しが優しい。

「それぞれの個性を見ながら接するとすごく楽しいんですよ」

と、亜希さん。家族とはいえ七〇〇キロ近くもある牛のお世話は、一歩間違ったら命を落とす危険と隣り合わせだ。「絶対に牛の後ろには立ってはダメだよ」と最初に教わった。牛は人間と性格が似ていて、先輩牛が来たりすると、どうぞお先にと、咄嗟《とっさ》に下がって道を譲ったりする。そういうときに後ろに立っていると思わぬ事故になることがあるそうだ。

いよいよ搾乳だ。牛の足元にしゃがみ乳に手を伸ばす。心臓がバクバクした。これほど大きな動物に対峙するのは、タイで象に乗って以来だ。

「自分の手に少し搾ってみてください」

ゴム手袋越しだが、牛の乳房は温かく、そこから出る乳も温かかった。牛乳は母乳なんだ。スーパーに並ぶ冷えた牛乳しか知らない私にとって、その温かさが何よりも刺さった。そして、搾乳できる牛たちは当然、皆出産後なのだ。人間と同じように、子に飲ませるために作られた乳を私たちがいただいているということ。頭では分かっていたが、そのことを想像して飲む牛乳は重みが違った。

菊地ファームの牛の妊娠回数の平均は三回弱だというが、中には一一回目の妊娠をしているアイスという高齢の牛もいて、その乳は地面につきそうなほどに大きかった。

搾乳の順番が来るまで皆おとなしく待ち、順番が来てケージに入ると、乳首に機械が取り付けられ自動で搾乳が始まる。〝九リットル〟というようにデジタルで乳量が出るようになっている。かわいそうに思えるが、一日でも搾乳を休むと乳房炎になって死んでしまうこともあるので、欠かせない。牛たちを誘導して一日二回の搾乳をする。生き物相手なのでお休みはない。

十勝に来る直前、「久美子さん、ラッキーですよ。丁度放牧が見られますよ！」とまやさんが知らせてくれた。菊地ファームでは、四月の中頃になると牛たちを放牧して生の牧草を食べさせ自由に散歩させるのだ。牛乳のパッケージなんかに、草原で自由を謳歌《おうか》している牛の姿が描かれていたりするけれど、実際に放牧をしている酪農家は十勝でもほとんどいないのだそうだ。それだけ土地も人手も必要になってくるし、誘導の大変さもあるからだ。

放牧初日、牛舎から行列になりゆっくりと牛たちが歩いてくる。嬉しそうな子もいれば、少し戸惑っている子もいる。この日を待ってましたとばかりに飛び跳ねて転ぶもの、私たちに興味津々で立ち止まるもの、牛同士で体当たりしてじゃれ合うもの。予想以上にてんやわんやの運動会だ。

「さあ、ではみなさんも柵の中に入りましょう」と菊地さん。え！　この中に入るの！　怖いなあ。人間好きな牛が寄ってくる。で、でかい。まやさん曰《いわ》く、牛は本来とても臆病な動物なので、こんなに人間好きなのは大事に育てられている証拠なのだそうだ。大阪からやってきたという、小学生の男の子とお母さんは躊躇《ちゅうちょ》せず群れの中に入っていく。私もはじめは端っこにいたが、少しずつ馴染んで、名前を呼びながらなでてみると、かわいいなあ。この子たちの体の中でできたお乳をいただいているんだ。

名前をつけて大切に育てた牛だが、最後はお肉としていただく。菊地ファームに併設されたカフェに入ると、ジェラートの隣に「今日のお肉はミライです」と書かれた黒板と牛の写真があって最初はぎょっとした。けれど、それは菊地さんたちにできる最大の感謝であり愛情なのだと、牛に対する眼差しを見ていると分かる。

乳の出なくなった……つまり妊娠できる期間を終えた牛は解体されお肉として売り出されるという現実を、隠すことなく菊地さんたちは私たちに見せている。私は、酪農家としてのプライドと覚悟を感じた。牛乳を飲むということは、命をいただくことなんだと知った。

毎回、解体所へ連れていく前には号泣してしまうという話を聞いた後にいただいたミライの体も、牛乳も、いつもの何倍も体に染み渡った。ほんのりと甘い、優しくて濃い牛乳の味が忘れられない。菊地さんたちの牛乳の大半が十勝の大手乳業メーカーに引き取られている。どこかできっとみなさんの口にも入っているはずだ。

北の大地へ 後編

白樺並木を走ると北海道に来たなあという気分になる。あの憂いのある美しさ。樹木界のスーパーモデルだよなあ。そんな白樺の樹液の採取を見学に行こうとまやさんが言う。この華奢な白樺から樹液をとるの?

朝八時に宿を出てどこへ向かうとも分からぬまま車に揺られた。すでに作業中の方々に挨拶すると、みんな白樺の下に置かれた大きな専用の鍋を取っては、トラックのタンクに運んでいる。トラックの荷台では鍋の中の匂いを嗅ぐ人がいて、合格ならばタンクに入る。カナダのメープルシロップみたい。

草原に並んだ一〇〇本近い白樺の幹にはワインコルクほどの穴が開けられ、取り付けられたホースを伝って鍋にポチポチと樹液が落ちる。一晩で鍋の半分、多いものは満タンに溜まっている。樹液というのでカブトムシの餌のようなネトネトしたものを想像していたが、見た目は水と変わらない。飲ませてもらうと、わずかな甘みとキシリトールのような清涼感があるが、やっぱり水に近い。

若葉が出るとぴたっと樹液が止まるので、採取は雪解けの二週間だけだそう。私たちの手伝ったものは化粧水になるそうだ。見学させてくれた「インカルシペ白樺」の方が、「北欧やロシアでも、同じように白樺の樹液が古くから飲まれているんですよ。それも、向こうは発酵させて飲む文化があるんです」

と話してくれた。北海道では元々はアイヌの方々が飲んでおり「魔法の水」と呼ばれるほどに栄養価が高いそうだ。「しゃぶしゃぶやコーヒーを入れるときに使うと絶品になるよ」と。確かにこれで入れたコーヒーはおいしいだろうなあ。雪に覆われた大地で暮らす人々はこうして体に必要な養分をとっていたんだ。食文化とは環境が織りなすものだなあ。

北海道出身の子が徳島に移住してきて何に驚いたかって、スーパーに羊肉がないことだと言っていたのを思い出した。北海道では、牛や豚と同じように羊肉の棚があり、生活に欠かせない存在だという。

養羊をしている方でおもしろそうな人がいるというのでアポをとり会いにいく。夕日を追いかけるように緬羊《めんよう》牧場「ボーヤ・ファーム」へ向かう。薄暗くなった山道をしばし走

ると牧場に到着。夕闇から赤い作業着と長靴姿で颯爽《さっそう》と安西浩さんが現れた。「やあや
あ、ようこそ」にこやかに羊舎の中を案内してくれた。

元々、縫製工場として起ち上がったボーヤ・ファームは、一九八八年に新規事業として
養羊を始めたそうだ。安西さんは当時畜産大学の四年生。大学に残って研究を続けようと
思っていたところ、案内を見ておもしろそうだと就職を決めたそうだ。

ボーヤ・ファームの羊の育て方を聞いて驚く。基本はずっと山林での放牧なのだ。

「ウールをまとっているから寒さには強いからね、五月～十月は羊は山で暮らしてます」

「眠るときも、山ですか？」

「ええ。基本二週間は林間放牧で、放置したままです」

その広さを聞いて、くらくらした。一牧区が一五ヘクタール（東京ドーム三個分）で、
四～五牧区もっているそうだ。一牧区の草を食べ尽くしたらまた別の牧区へという、より
自然な育て方だ。

私たちが案内してもらったのは、半地下の畜舎だったが、ここにいる子たちは出産前後
の羊や子羊だけで、体調を整えるために冬場の夜だけは畜舎で過ごす。この畜舎は元縫製
工場だそうで、二〇〇二年に縫製部門が廃業後、断熱のきいた縫製工場を改装し畜舎にし
たそう。羊たちは、穏やかな表情で藁《わら》を食べ塩をなめ、子羊が柵を飛び越えて藁の山の上

で遊ぶ。白いのも黒いのも、まだらのも、かわいすぎる。この羊小屋だけで一〇〇頭はいるだろう。

外にも確かに羊たちが放牧されている。総数一〇〇〇頭！　そのうち年間に二〇〇～三〇〇頭が食肉として出荷されるようだ。先程、二週間は山に放牧と書いたが、二週間後どうやって羊を戻すのかというと、犬たちの出番である。ボーヤ・ファームは、羊を誘導する牧羊犬の育成でも有名で、シープドッグショーを見に年間一万人近くが訪れていた。

ほとんどの収入源はショーだったのだが、去年はコロナの影響で行えず、経営は悪化。今後、一〇〇～一五〇頭の繁殖用のメス羊を減らす予定となっている。レストランの休業で羊肉の注文が減っていることも追い打ちをかけているようだ。

「まあ、今までも大変なことを何度も乗り越えてきましたから、規模を縮小しながらなんとか切り抜けられるでしょう」と言う安西さんの背中からは、羊とともに三十年以上過ごしてきた経験と手応えが感じられた。

「気をつけて。こないだも、そこまで熊が来てたから」と安西さん。というのも、年間に七〇～八〇頭が山から帰ってこないので、おかしいなあと罠を仕掛けたところ、熊がかかったそうなのだ。食べるだけでなく、爪で傷つけられ感染症を起こして死んでいたそうで、最近は遠くまでの放牧はやめているそうだ。白樺の樹液採取場でも昨日熊が出たと言っていた。自然の豊かさと厳しさはいつも隣り合わせだ。

かわいい羊を見せてもらった後に、羊肉を買って帰る。少しおセンチな気分になるわけだけれど、熟成をかけて急速冷凍した羊肉は臭みがなく、焼いた後、塩だけで食べられるほどおいしかった。まやさんと、「安西さんの育てたあの羊たちがおいしくないわけないよね」と話しながらいただいた。羊肉は通販も行われている。

「しあわせチーズ工房」、「EZO LEATHER WORKS」、狩猟と民宿を行う「GuestHouse ぎまんち」など、同世代のさまざまな生産者たちに会わせてもらった。みんな、いい顔をしてらっしゃった。この大地を愛し、この地から生まれる命とともに暮らしていた。安西さんを含め、みんな移住者だったのも驚きなようで納得できた。ここで育った多くの若者がこの土地を離れ、逆に外から入ってきた人が暮らす。宝の詰まった大地でも、外に出たいという気持ちも分かる。外から見るから輝いて見えるということはどの地域でもあることだ。


さて、広尾生活最後の数日、私はまやさんとお師匠さんの白幡さんの猟に同行させてもらうことになった。他のハンターは二月で狩猟期間を終えているが、白幡さんは町から鳥獣被害対策実施隊員に任命されているので、一年中山に入ることができるのだ。白幡さんの家に集合し、トラックに乗り込む。昨日仕掛けたという罠に鹿がかかっているかを見に行く。白幡さんは海の漁師でもあり、七十代とは思えない引き締まった体をされている。猟師さんってもっと無口で硬派なイメージだけど、笑顔が優しく山のことをいろいろ教えてくれた。

町から十五分ほどで狩猟のできる山に到着すると、目の前をオジロワシがすごいスピードで低空飛行していく。半矢《はんや》（撃ったが致命傷を与えられなかった）の鹿を狙って鳥が集まっているのだろうとのこと。そもそも私はオジロワシを見るのが初めてだった。山の王者の風格が漂う雄々しい鳥。東京のカラスの五羽分はあるだろう。

鷲《わし》でびくびくしている私は、鹿がかかっていてほしいような、いないでいてほしいような複雑な心境になってきた。白幡さんについて木々の茂みに作った罠のポイントを、一つ、二つとチェックしていくも……この日、鹿はかかっていなかった。昨日の強風で、罠の上にかけた葉っぱや土が見事に飛ばされて見破られていたようだ。雪や雨の日は一日に何頭も捕れるそうだが、春の晴天となると、かからないことも多いそうだ。見たかったはずなのに、私はどこかほっとしていた。まだあんたにゃ早いわと言われたようだった。

もう一回別の場所に仕掛けることになった。「ここに鹿の道ができているでしょ」と白幡さん。ほうほう、生い茂る緑の中に一筋の獣道ができている。「まず、一歩目にここを踏む。二歩、三歩」鹿が着地するだろう箇所を歩く白幡さん。

「後ろ足にかかってしまうと、足をもいでも逃げてしまうから、前足にかけなきゃいけないんだ」

信じられないが、そこまで鹿の動きを読むのが罠猟なんだ。

「野生動物との駆け引きだから。今回は僕らの負け。そんなときはそれ以上やっきにならない。山を楽しむ心を忘れてはいけないよ」と白幡さんは笑った。

今日は罠猟だが、まやさんも白幡さんも普段は銃猟を行う。五キロ近くある猟銃を構えて、一〇〇メートル先で動いている鹿を撃つということがどんなすご技であるか。しかも足場は不安定な急斜面だ。数ミリのズレが一〇〇メートル先では数十センチになる。

鷲たちに狙われた鹿のように半矢で逃してしまうと、その後鹿に長い間苦しい思いをさせることになるので、一発で仕留められるように少しの呼吸の乱れも許されない世界。初心者のまやさんは、ただでさえ緊張するのに、集団戦法で狩りをしていて外したとき「馬鹿野郎！」と先輩ハンターから叱られることがプレッシャーになり、余計に撃てなくなって悪循環におちいったそうだ。

白幡さんは他の先輩と違っていた。「山を楽しむことが一番だから、外しても大丈夫。気にしないでいい」と言ってくれた。そして、まやさんの構えを見て「君の構えなら絶対に撃てる!」と励ました。その言葉で、リラックスして狩りができ見事ファースト鹿をこの北の大地で仕留めることができたのだった。

狩猟が今若い人の間で人気となり、試験を受ける人は年々増えているそうだが、猟師の後継者を育てることは難しいのではないかとまやさんは言う。撃つのと教えるのは別で、白幡さんのように気長に、そして具体的に山で指導してくれる方はなかなかいない。二人は、孫とおじいちゃんのように、微笑ましいチームワークで罠を仕掛けていった。私も罠に葉っぱや土をかけるのを手伝った。「ここに糞がある」「足跡がある」「この辺りに気配が残っている」二人は動物目線で山を見ていた。

それから、私たちは山歩きをした。なかなか現れないというオシドリのつがいを見られたり、珍しい形のサクラソウの群生地を教えてもらったり、蝦夷鹿の角《つの》拾いもした。鹿は毎年角が生え変わり、二歳は二つ又、三歳は三つ又、と角の枝分かれが増えるのだそう。「あ、あった!」「こっちにもあった。四歳だね」アンティークショップなどにある、立派な鹿の角が草原にぽこんと落ちている。ここは動物の庭なのだ。そんなときも白幡さんは猟銃を持って遠くをきょろきょろ。いつ熊が出てもいいように気を引き締めて歩く。二十年前、熊の子を撃ってしまい、親熊に狙われていた時期があったとか。

「熊は車のナンバーを覚えるくらい賢い動物。子熊を撃った人間の車が再び山へ来るのをじっと待っていたんだ」

そこで聞かされた熊との武勇伝は、すさまじいものだった。ハンターにとって、熊撃ちは命がけであり、永遠のロマンスでもあるのだろう。

逆に、まやさんは鹿肉を食べたいという思いからハンターになった。全国で駆除された鹿や猪のほとんどが食べられておらず、ここ広尾でも、食肉にされる鹿はほとんどいないという。その場で、鹿に番号を書き、しっぽを切り、写真を撮り役所に申請すれば害獣駆除として奨励金が出る仕組みになっている。

まやさんの気持ちがすごく分かる。あの鹿肉を一度食べたら、捨てるなんてもったいないと思う。そして、それが命の最期として正しいのではないかとも思う。けれど、この山の上から一五〇キロある鹿を即座にトラックまで下ろし、解体施設へ運ぶのは不可能に近いということも山に同行して実感した。一時間以内に血抜きをしないと臭くておいしくなくなるそうだが、荷物を持ってなくとも転げ落ちそうな急斜面なのだ。

お肉は処理の仕方で全く味が変わる。まやさんは、山ですばやく血抜きをし、お肉がおいしく食べられるように適切な処理をするので臭みが全くない。レストランに卸したらいいのに！ と思うけれど、衛生上の決まりで解体施設で処理したものでなくては市場に出せないそうだ。よって、仲間内でいただいている（私はとっても嬉しい）。特別な機材をトラックに積んで仕留めてすぐに解体して冷凍するというシステムを作っている団体もあると聞くけど、莫大な費用がかかるだろう。白幡さんの倉庫のでっかい冷凍庫には鹿肉が山のように入っていて、まやさんが仕留めた肉もここに保存させてもらっている。

その夜、バーベキューでいただいた蝦夷鹿のお肉は最高においしかった。まやさんの夢は自分の仕留めた鹿肉をレストランに卸すこと。この広尾に数カ月のうちに溶け込んだバイタリティーのある彼女ならきっと近い将来叶えるのではないかと思っている。

翌早朝、白幡さんからのＬＩＮＥで目が覚めた。

「昨日の罠に鹿がかかったよ。やっぱり前足にかかった！」

さらに数日後、東京に帰ったあと白幡さんから二頭の熊の写真が送られてきた。隣に立つ白幡さんが子どもに見える、三〇〇キロ超の大物だ。

「高橋さんも熊の爪いりますか？　広尾のふるさと納税の返礼品にもなってるんだよ」

と。熊の爪が返礼品。やっぱりすごい町だ。

第6章

農業という表現

みかんの季節です

二〇二〇年冬。実家からみかんが届き始めた。私の家はお米や野菜も作っているけれど、祖父の代から柑橘も育ててきた。愛媛というと宇和島や八幡浜《やわたはま》の急斜面のみかん山を想像する方が多いと思う。なぜみかん畑が、作業のしにくい急斜面にあるのかというと、太陽の光が当たりやすいようにだ。そして、海からの照り返しの光も浴びられる海沿いの地域を中心にみかん栽培がさかんになっていった。ミネラルをたっぷり含んだ潮風を浴びることでおいしさが増すという。

私の実家は、みかんの聖地吉田まで車で四時間はかかる東の果て。みかん畑もあるが、同じくらいうどん屋もある、香川との県境だ。遊びにいくのは松山より専ら高松だったし、高校時代は電車通学だったが、寝過ごして香川に入っていることが何度かあった。

二〇一八年の西日本豪雨でみかん農家の知人たちが被害にあったと知り、摘果のお手伝いに行くようになって愛媛の広さを改めて知った。言葉や見える景色、そしてみかんのなる土地も、何から何まで違っていた。油断したら転げ落ちてしまうような急斜面の目の前は海。収穫時はモノレールを使って下ろすという。我が家の五倍はあるみかん山。家のみかんに勝ち目はないのだ。

子どもの頃、みかんは近所の人にただで配られ（それもコンテナ一杯ずつ！）、残りは祖父母が手のひらが黄色くなるまで食べ続けるものだった。祖母は健康診断で「黄疸《おうだん》が出ている」と言われひっかかったが、ただのビタミンの取りすぎだった。コンテナ一杯一〇〇円（当時は相当に安かった）で農協に引き取られ、他のみかんに混ざって、愛媛のまじめなポンジュースになった。つまり、作れば作るほどに赤字というやつだった。

果実に腐り止めの農薬散布をしていたから、農薬代とか機械のメンテナンス代もかかるし、冬になるとテッポウムシ（カミキリムシの幼虫）が木の幹を食い荒らし空洞にして枯らしてしまうので、収穫後は春になる前に幹にマシン油《ゆ》もしなくてはいけない。

私が小学生のある日、父とみかんの消毒に行った母がなかなか帰ってこなかった。父は軽トラで機械と一緒に帰ってきたが、母は帰ってこない。農薬は、食べる人よりもかけている農業従事者が一番吸い込むことになり、ガン等を発症しアメリカやフランスでは訴訟になっているというのも最近知った。母は農薬散布の手伝いに行く度に気分が悪くなっていた。いくらマスクやゴーグルをしていても、霧状になって飛散する農薬を浴びることになる。私もあの嫌な匂いを何度かかいだことがあるし、浴びたことがある。母は、農薬の日は、子どもは来てはダメよと私たちをつれて行かなかった。

夕方になって母が帰ってきた。歩いて帰る途中で体調が悪くなり、それはいつもより酷《ひど》く、歩けなくなって近所の友人の家で休ませてもらっていたようだ。

これがきっかけで、私たちは無農薬を目指すようになった。湿気が多い四国で無農薬というのはなかなかに難しい。目を離すとすぐカメムシがわいて、みかんの皮に黒い点々ができていく。真っ茶色になって熟れないうちに落ちてしまうこともある。それを父は嫌い、どうしても消毒をしたい父vs.農薬反対の母娘の対立は十年以上続いた。いや、正直今も続いている。

綺麗なものじゃないと売れないしみんな食べてくれないと思い込んでいる父に対し、娘と母は、理解のある人にだけ買ってもらえばいいと言った。「わしの農地なんだから好きにやらせろ」と父は言う。その気持ちも分からんでもない。夕焼け色の美しいみかんは、やっぱり見た目にも食欲をそそるもの。

でも、南予の大農家さんのように何百トンも作っているわけではないのだから、顔の見える友人や知人にだけ買ってもらえたらいいじゃないかということになり、無農薬栽培にし、私の友人たちにだけ買ってもらい喜んでもらっている。

何本も虫にやられて木が枯れていくので、実を全部とったあと胴体を守るマシン油だけはかけている。どうしても虫の多い年は、まだ実のごく小さな六月頃に一度だけ消毒をするが、それ以外は風通しをよくすることだけを考えて枝が密集しないように切り、あとはそのまんま。化学肥料も、除草剤も撒かない。肥料は豆殻など、畑でできた自然のものだけにしている。とにかく自然のままにだ。それで枯れてしまうならそれも自然の摂理だ。

それに、祖父の代に植えたのでもう六十年以上経っていて、みかんの木としての寿命は超えている。それでもがんばって実をつけようとしてくれていることに感謝しなくてはいけない。

小さい頃は、南予の甘いみかんが羨ましかったのだ。でも、今家のみかんも負けず劣らずおいしい。寿命を超えても今がピークのようにどんどんと甘く濃くなっている。木も人と同じように成熟していくんだなと驚いている。たまに酸っぱいのや、ぼんやりしたのもあるけど、それも果樹の個性であると私たちは考える。一人として同じ人間がいないように、木や実がそれぞれにその生命を燃やしている。

「新春みかんの会」を、dans la nature の千葉さんと開催して九年目になる。家のみかんを千葉さんが焼き菓子にしてくれ、そのお菓子とみかんを食べながら、集まった方々とお話をするというのんびりした会だ。千葉さんが家のみかんを変身させてくれたことに、母も父も感動した。そして、多くの人が喜んでくれたことに心底驚いていた。報われたんだと思う。友人やお客さんが「こんなに力強いみかんを初めて食べた」と言ってくれるようになって、父も少しずつ変わっていった。

消費者の声を生産者に届けるというのは大事なことだと実感した。私たちは家族に食べさせるような気持ちで作物を作るようになったと思う。同じように、お客さんも生産者の声を知ることで、より味わって食べるようになったと言う。スーパーに陳列された野菜も、人の手から手へ届けられたものだという気持ちを持っていたい。

師走のひとり言

人生は多分、一筋縄でいかないことばかりなんだと思う。思い出の地が太陽光パネルになったり、愛媛で農業をやろうと言い出した途端にコロナで帰れなくなったり、せっかく植えたサトウキビが猿に食べられて全滅したり。

スマホで検索したらなんでも出てくる時代に、ここまで壮大な失敗はなかなか味わえない。でも、これが現実だし、そこでどうするかが肝なんだ。

四苦八苦して悔しい思いをしてみて初めて農地を手放していく人の気持ちが分かった気がした。続けていけなかった人たちにも、たくさんの理由があることを忘れてはいけない。

ある日、愛媛の妹たちから連絡が来た。

十一月の秋晴れのなか、猿に食われて根っこだけ残ったサトウキビの芽が新たに伸び始めているという。サトウキビは一度収穫しても五年は続けて収穫できるということだから、食べられてもまだこの子たちは諦めてないんだな。植物の生命力はすごい。ただ、また猿が喜んで食べに来るのは目に見えている。この子らをなんとか移動させなくちゃということになる。ゾエが有給をとって、早急に芽の出た苗を全部掘り起こし軽トラに積んで、Oさんのサトウキビ畑の空いているところに移植してくれた。

「十二月からサトウキビの収穫や製糖の手伝いに行くことになったんですよ」

と、ゾエや妹が話している。そろそろOさんたちのサトウキビの収穫が始まり、去年見学に行ったあの黒糖工場で、黒糖BOYSたちが動き出すのだ。ああ一年前が懐かしい。あの甘い香りに満ちた工場で、今年の砂糖ができるんだ。若い衆の手が必要だということで、ゾエや妹たちが手伝いに行くことになったそうだ（その後、結局コロナの影響で行けなかったそうだ）。いいなあ。私も行きたいな。

経験者には知恵と経験を貸していただき、私たちは体力や新しいアイデアを。そういう世代間の良い流れが街全体にできたらいいのにと考える。農業は大変だけれど、大変だからこそ楽しいんだということがもっと広がってほしい。そして、いろんな世代がそれぞれの力を持ち寄れたらきっと良い循環が生まれる。どの職業でも同じかもしれないが、農業も世代間での考えの違いをよく耳にする。簡単なようでそれが一番難しいと自分を見ても周りを見ても感じる。

息子さんは無農薬派だけれど、お父さんは農薬派だったために、一緒には農業をできずに、息子さんは新たに農地を借りて別々にみかん農家をしている知人もいる。私や妹と父がそうであるように、親子間で考えが違うという人は多いかもしれない。

農業はある種、表現活動でもある。できた作物は作品である。農薬を使い、傷や虫食いのない美しい外見を求める人がいれば、見た目よりも安全性や環境に配慮し、無農薬栽培を目指す私たちのような若者も増えている。家族といえども、いや家族だからこそ寄り添うことが難しいのも分かる。

できた作物は、作った人そのものなのかもしれない。器や洋服と同じように、作者の思想や価値観が反映されるのだと思う。だからこそ、その作物がどこの誰に届いているのかを生産者は知るべきだし、消費者はこの野菜や米がどんな思いで作られたものかを知るべきだと思う。そういうこと一つで、食べることがもっと楽しくなり、作ることにももっと張り合いが生まれてくるだろう。

前項に書いた「新春みかんの会」が始まって九年、私たちのみかんへの考えは随分と変わった。頭で考えていたことを実行したことで、徐々に点と点が結ばれて円を描いていくようになった。良さを分かって食べてくれる人。その人たちの顔を想像しながらみかんを作る私たち。そこには愛情が生まれていた。みかんはただのみかんではなくなっていた。

愛情は、農業への大きな糧となり、生き方そのものを変えていける力になる。人の気持ちが通い合うということは、心の毛細血管にまで血が流れるということだ。心が冷えていかない農業。作物を通し、そのような循環が生まれたらいい。そんな新しい時代の農業が理想だ。

今年は愛媛に帰れなかったので収穫も発送も手伝いが全くできず、私は、友だちからの発注を届ける伝書鳩《でんしょばと》のようなことしかできなかった。家族のみなさん、おつかれさまでした。

地元で年配の農業者と話をするとき、政治の話と同じくらい農薬については話さないようにしている。

「農薬やらんと育つわけがないだろう」

「まだ無農薬言いよるん？」

何十回聞いたか分からない。家族の中でも相変わらず対立は続き、農薬賛成派の父親の育てる野菜は出荷専用で私や妹はあまり食べない。同じ作物でも家で食べる用や友人に送る用は別の畑で妹や母がこっそりと育てていたりする。まあ家族とて、考えは人それぞれである。

無農薬とかオーガニックとか言うとオカルト的な目で見られることもある。目に見えて体や地球環境に悪いということがテレビ等で報道されない上に、健康被害との因果関係も確かではないので、やっぱり時代が変わるのを黙って待つしかないのかと思ってしまう。

東京の公園なんかで、虫を捕まえた子どもに親が「かわいそうだから逃してやりなさい」と言っているのを見かける。子どもが捕まえるくらいどうってことないのになと思う。だって農薬や除草剤を撒いてその何万倍もの虫が死んでいるもの。そういう野菜をみんな食べている。でも、どの農業者も一生懸命育てているし、大量生産をする上で仕方のないことだとも思う。そうでないと、スーパーにあんなにたくさんの野菜が安価には並ばない。だからこそやるせない。農薬は人間にとってはとても便利なものだが、あの元気な虫や草が死ぬことが何より恐ろしい。

母や妹や私は、キャベツを食い荒らす幼虫を発見しては、手で捕まえてつぶすというのを地道にやっていく。それでも虫が大量発生して、にっちもさっちもいかなくなった年には、まだ野菜のごく小さいときに、食べられている作物の下にだけ農薬を撒くこともある。全部が黒や白でなくてもいいのだと思う。こういう話を、カフェなんかで友だちに話していると徐々に暗めの雰囲気になっていくので「まあ、そんなこと言うてたら外食できんよなあ」と濁《にご》す。「人それぞれやもんな」という強制終了のボタンを押すことになる。

二〇二一年の初めに『旅を栖《すみか》とす』というエッセイ集を発表した。私の十年間の旅行記をまとめた本で、アジア、ヨーロッパ、北欧、アフリカ、世界中で出会った人々の暮らしや食についても書いている。旅先でまず行くのが、スーパーや市場だ。世界の台所ではどんなものが並んでいるのか興味津々だ。北欧では、チーズと乳製品が日本の野菜コーナーくらい並んでいる。それも顔くらいあるチーズで、「ハーフのハーフのハーフ」にカットしてもらって持ち帰っていた。すごい数の牛や羊が必要になってくるのが想像できた。

フランスでは、うさぎ、鳩、カエル、野生の鴨《かも》や、うずらなど、ジビエもスーパーで多く見かけた。それに昆虫食も！「一〇パーセント虫」「二〇パーセント虫」等とパッケージに表示されてパスタに練り込まれていたり、そのまま販売されていたり。やがて大きな問題になるであろう食糧難について思案されているのが分かった。

スペインでは、無農薬で育てたぶどうでワインを作っているワイナリーの見学もさせてもらった。よく陽に焼けた屈強なおじさんたちが広大な農園でほとんど手作業でぶどうを作っていた。常に畑に出ていないといけないので、挨拶だけして、あとは奥さんが説明をしてくれた。ぶどうに人生をかけていることが眼差しから伝わった。いただいたワインは太陽と土地の温かみを感じる味だった。

ヨーロッパの市場やスーパーに行くと野菜の種類の多さにテンションが上がる。トマトだけでも七種類くらいあるし、その多くに「Bio」の札がつけられている。見たことない野菜もたくさん。フランスはじめヨーロッパではオーガニック専門のスーパーも多く、フランスではアパートを借りて少しの間滞在したので、スーパーや市場に行っては知らない野菜を買って帰り料理して食べた。普通のスーパーでもビオコーナーが当たり前のようにあり、値段も一般的なものとさほど変わらない。日本だと、無農薬食品は一・五倍～二倍くらいするので、毎日買うとなるとハードルが上がってしまう。

同じように北欧のスーパーでもオーガニック食品の取り扱いが多く、値段もリーズナブルだった。「無農薬」「無添加」という言葉が生活に根付いていると感じた。

同じアジアの台湾や韓国でもその動きは日本よりはるかに進んでいる。まず、食品の残留農薬の基準が日本よりも厳しい食品が多い。特にいちごや茶葉など皮をむかず直接口にする食品は日本よりも基準が厳しいようだ。諸外国では使用禁止になっている農薬も日本では許可されていることも多く、調べれば調べるほど不安になってくる。

他の国々のスーパーを見てきた実感として、日本は農薬に対してかなり遅れている。農業大国フランスでも、二十年ほど前までは農薬の散布がスタンダードだった。それによって農業者への健康被害が続き、考えを改めたのだと知った。十年前に見た『未来の食卓』という映画で、その様子がドキュメンタリー作品になっている。フランスの小さな村が、農薬被害について知り、立ち上がるという作品だ。そして、オーガニック食材での学校給食作りに取り組み、その動きは国を巻き込んだものに発展していく。今、フランスは世界屈指のビオ大国になっているが、それは元々ではなく、人々が気づき声をあげ徐々に変えていったのだ。

ある日、フランス人の青年が実家の近くでうずくまっており、母が助けたそうだ。彼と、彼の母親は日本に来て四国八十八ヶ所巡りをしていたようだが、途中で足をくじいて、お腹も減って道端に倒れていた。私の家は遍路道にあるので、昔からよくお遍路さんが立ち寄っていた。祖父も両親も、喜んでお接待をし、寝泊まりをさせてあげることもあった。母は、フランスの親子を家に連れ帰り手当てをしたそうなのだ。そして一緒に朝ごはんを食べながら話していると、彼らが大きなぶどう農家であることを知った。

母は『未来の食卓』を見て、フランスのビオが進んでいることに感銘を受けたと話した。すると彼は「うーん。あれは、まあ一つの考え方だけど、みんながそうではないんですよね」と濁したそうで。ああ、やはりフランスでも「人それぞれだからね」なんだなと思った出来事だった。その後も、手紙をいただいたり数年後再び遊びに来てくれたり、良い関係が続いているようだ。

大農園を経営していくには、農薬も必要だろう。でないと、こんな風に夏に日本へ長期の旅をしたりする時間の余裕も持てないのかもしれない。前述したスペインのワイナリーのぶどう農家さんは、年中畑につきっきりの様子だった。いろんな考え方や暮らし方があっていいと思うけれど、知った上で考えたり選んだりできるのがベストだ。

「食」を考えるとき、その他の私たちの生活が芋づる式に出てくる。全ては繋がっている。ＳＤＧｓという言葉を実家の母も口にするようになった。そんな言葉がない時代から、実践し続けてきた母には必要のない言葉だと思うが、それでも日本の隅っこにまで浸透しつつあるということだ。大量生産大量消費の時代に別れを告げ、暮らしを見つめること。その一つが、農薬や添加物を減らし、循環を意識することだと思う。

例えば、一〇をスーパーで買っていたところの、二を家のプランターで育ててみるとか。これをみんなが実践すれば、世界の食糧危機は少しだけ好転するのではないか。例えば、ダンボールでコンポストを作る方法は、それこそネットで検索すればいくらでも出てくる。実践することが昔より容易な時代だ。回収してもらっていた一〇の生ゴミの二を自分のコンポストで循環させれば、ゴミは減らせる。

面倒くさいをみんなで少しずつ負担し合って、やがてその面倒くさいを楽しめるような、ゆとりのある社会になったらいいな。これはコロナ禍で世界中の人々が悟ったことなんじゃないかと思う。

東京でサバイブするということ

ウェブ連載のときに、前項のダンボールコンポストについて書いたら「虫がわいちゃったよ」「マンションでは無理だよ」などなどメッセージをいただいた。そう、私も最初は虫、わきました。

でも、それが当たり前で、現代人の生活が無味無臭すぎるだけなのだと言いたい。トイレは水洗で流してくれるし、生ゴミは週に二回か、少なくとも一回は回収してくれる。日本ではほとんど臭いことや面倒なことを見なくてすむようになっている。それは衛生的にも便利さにおいてもすばらしいことだが、おもしろいことに出会うチャンスは失っているかもしれない。「生ゴミ」はゴミではなく資源だという価値観を持つ人は少ないだろう。

海外を旅して、路地裏へ入ると生ゴミの腐敗臭に息を止めて歩くこともよくあるし、そこにハエが真っ黒い塊になってたかっていたりする。それが良いとは思わないけれど、物って放っておくとこうなる。実家の生ゴミバケツを思い出す。実家では、生ゴミは畑に埋めているのでその前段階の「生ゴミバケツ」が台所にあって、夏には油断すると海外の路地裏のようなことになっていた。

日本には便利で衛生的な方法があるのだから、わざわざコンポストなんかで四苦八苦しなくていいではないかということなんだけれど、これ、はまるとおもしろいんですよ。おもしろい上に地球のためになるなら一石二鳥じゃないか。燃やしてしまえば火力や原子力を使うことになるけれど、コンポストに入れたら再び土になるのだから。

「その土地でできたものは、その土地に返す」

と、子どもの頃から母に教わってきた。

バナナの皮とか、その土地でできないものはあまり入れない方がいいそうだが、野菜くずや、お魚、その地域で取れたものは、その地に還すという考えだ。畑の穴、もしくは自家製のコンポストに入れて、微生物に分解させて堆肥にし、それでまた農作物を育てるという循環が当たり前の環境で育った。コンポストに入れてはいけないものもあって、卵の殻くらいならいいが、アサリの殻やカキ殻などは、畑で風化させて、その後粉々にして、石灰として畑に撒いていた。

二〇〇四年、東京に出てきた私は、アパートで一人暮らしをはじめる。バンドをしていた頃は土にまで目を向ける余裕がなかったけれど、結婚してからは夫とコンポストを作って堆肥をこしらえてきた。

ダンボールコンポストは確かに、密閉がしっかりしてないと腐敗して虫がわいてしまう。私も実際、何度も失敗して腐敗させている。コンポスト専用のバケツにもトライしてみた。どちらもポイントは糠床《ぬかどこ》と同じ、毎日ゴミを入れる前に混ぜて空気を入れてやること。そして分解しやすいように入れるものを細かめに切ることと、動物性のものは少しにすること。骨は分解されなくて残るので、貝と同じように風化させる。あと、みかんの皮も固くて分解が遅いので入れない。

三日くらいで白いカビがふかふかと土の表面についてくる。開けるとほかほかと温かく、寒い日には湯気が立ち上り、美しい。今のコンポストは二年になるが、夏場も嫌な匂いが全くしない。微生物が懸命にここで分解を繰り返している証拠だ。一軒家なので、庭の小さな畑に二カ所穴を掘ってコンポストにし、そこに腐葉土や米糠を混ぜ入れ、交代で生ゴミを分解させる。

私の朝はパジャマのまま糠床を混ぜることから始まる。手を洗ったら、次は裏庭に降り立って猫よけの自作の網と袋をどけると、大きなスコップでガシガシとコンポストの中を混ぜる。そこに昨日の生ゴミを放り込んで、また軽く混ぜる。こうして体が目覚める。

形あったものが土に還っていくのを観察できるというのは、神秘だなあといつも思う。見ているだけで、とてもおもしろい。庭でとれた、かぶや、キュウリ、青梗菜。卵や、海のものたちも、みんな土に還すということ。そこに、命の始まりと最後を見届けるような安心と無常とを感じる。

作ったものを始末するところまでやってみるということ。作る行為から得られる感覚とはまた違った、命の熱を感じる。分解されていくものたちは、ほこほこと温かいのだ。土に還ることもまた、生きることの一つなのだと教えられた。私たち生物の根本を探るような、詩的な時間でもある。

手を伸ばせば隣の人と握手できそうな、密集した東京の住宅街で、こんな循環が行われていることを誰も知らないだろうなあ。いや、最近はむしろ東京の方がこういったことに興味を持つ人が多いから、あっちでもこっちでも分解されているかもな。

田舎の方が自然な生活を営めるポテンシャルは確かに高いが、それは住む人の目次第だ。昔はご近所みんな、畑に生ゴミを埋めていたが、今でも生ゴミを畑に循環させているのは私の実家くらいだ。畑をしている人も、生ゴミは燃えるゴミの日に出し、堆肥は買っていたりする。繋がってはいない。家は節約のためにも堆肥を作る生活が続いているだけで、〝丁寧な暮らし〟とか言われると、こそばゆい。プラスチックの赤いザルも電気アンカも昭和からずっと使っているし、電子レンジも冷蔵庫もあるもの。

でも、確実にゴミは減らせているし、〝土に戻る心地よさ〟を小さい頃から知っていた。たまに、アルミホイルやラップが間違って入っていることがあって、それだけ畑の中でいつまでたっても分解されないその異質感を本能的に感じていたのだろう。燃やした木は灰になり畑に撒かれ、生ゴミはいつの間にか土に還って。形がなくなり無になるものはかっこいい。今もその感覚が私の基礎になっているのだろうと思う。

東京に住んでいるというと人工的な生活をしているのだと思われがちだ。田舎にいても、自然に興味のない人がいるように、東京にいても視点次第で自給自足の生活はできる。落ちている梅を拾うとか、野菜を育ててみるとか、発見次第でなんでもできるものだと十五年生活してみて思った。

〈愛媛の実家でも東京でもやっていること〉

糠床で漬物を漬ける。拾ったり近所で分けてもらった梅で、梅干しや、梅酒や、シロップ漬け、ジャムを作る（今年は六〇キロもとれたので、愛媛の母と妹に送ってあげた）。干し柿。銀杏《ぎんなん》拾い。味噌を仕込む。柚子《ゆず》胡椒を作る。らっきょう漬け。干し大根。干し芋。

春の間に育ったハーブやどくだみを乾燥させてお茶にする。春はよもぎを摘んで、団子にする。たけのこ掘り（今年ついに東京でも見つけてしまった！）。庭やプランターで野菜を作ってみる。ゆたんぽ。柚子ポン作り。夏みかんピールやジャム、ドライみかんを作っておやつに。出た生ゴミはコンポストで循環させる。

〈実家ではやっているけど、東京ではできないこと〉

餅つき。山菜採り。薪をくべて外でかまどを焚く。稲作。こんにゃく作り。たくさんの種類の野菜作り。釣り。

〈実家でやってなくて、東京で始めたこと〉

捨てる鹿肉をもらって燻製にする。ユーカリやミモザ等、庭木の剪定をするついでにリースを作る。椎茸《しいたけ》を干して乾燥椎茸にする。イワシを大量に買ってアンチョビ作り。春は木の芽と味噌を混ぜて田楽用の木の芽味噌を作る。バジルペースト。柚子やレモンでチェッロを作る。塩麹《しおこうじ》作り。ヤマモモのシロップ漬け。

ほとんど食じゃないか。量は少ないが、東京の家で三〇種類ほどの植栽や野菜、果樹を育てているので、案外なんでも食べられる。東京でもたけのこあるんだ、という発見も。梅の木なんて近所に何本もあるのでピンポンして「梅拾ってもいいですか?」と尋ねると、大概「落ちて困ってるから助かるわ」と言ってくれた。柿も同様だ。あと、鉢植えでぶどうもレモンも育つんだ、とかね。やってみれば、稲作以外はなんだってできそう。

こうして挙げてみると、環境が適しているかどうかよりも、もしかしたら、ほとんどは興味の問題なのかもしれない。興味が向かないと、なかなか体が動かない。私も明日から編み物をしろと言われても、しんどそうと思ってしまう。やってみたら楽しいかもしれないのに。

十五年以上住んでみて、私は東京も好きだ。敷地が狭いことにさえ慣れてしまえば、精神的には、すごく適温なのだ。雄大な自然はないが、人間の風通しの良さがある。女性だということを意識せずにいろんな意味で自分らしく暮らせる街だとも思う。

この街に住みながら、自分なりの自給自足を探求してみたい。愛媛に帰れない一年、近隣をよく見ることでその可能性は広がっていったのだった。

近所でもらった梅で梅干し

第7章

久美子の乱

その後

東京の農業 愛媛の農業

二〇二一年、正月が明けて、私はそわそわしていた。郵便配達の音が聞こえる度にポストを見る。来ないなあ。今日も来ないなあ。年賀状を待っているのではない。プレゼントでもない。ある手紙を待っていた。

東京二三区にも、意外と畑があったりする。流石にビルの谷間にということはないが、住宅街を歩けば区が管理している農園が突如広がっていたりして、上京したばかりのときは、東京に畑!? コンクリートジャングルだけじゃないんだ、と驚いた。そう、意外と東京には自然が多いし、自然を意識して暮らす人も多くなっていると思う。

最近は東京でも自給率を上げようという動きが増え、東京産の野菜、それに牛乳も東京産のものを見かけるようになった。レストランでも東京の食材を使う店が増えたと思う。

新宿から電車で三十分ほどで行ける調布市の友人宅へ遊びに行ったときなんて、友人のマンションと目と鼻の先に、大きな農業用ハウスが何棟も並び、その中で春菊やほうれん草が大量に育っていて驚いた。「近所のスーパーにも並ぶし、ここでも買えるのよ」と友人が言う。見ると、最近は地元でも見かけない無人販売だ。お金を料金箱に入れて、野菜を持ち帰れるシステムになっていた。都市と農業が共存している風景に、新しい街のあり方を見た。この調子で、太陽光パネルも田舎にばかり任せるんじゃなくて、東京のビルや屋根にも設置すれば、そこそこの電力量になるのではないかと思う。

区が管理する農園の一部は一般の人に貸し出されている。一人が使える広さは、一五平米（約九畳）くらいで二年ごとの契約となるが、値段も二年で二・二万円と良心的だ。となると、申込者が殺到するわけで、私たちは何年も前からトライしているがいつも抽選で落ちる。でも、今年はいけそうな気がしていた。

こんだけ畑したい熱が高まっているのに愛媛に帰れないということは東京で畑ができる運命なんだ。と信じて、ハガキに野菜の絵をいっぱい描いて色鉛筆で色を塗って念を込めてポストに投函した。発表は一月中旬と書いてあったけど、来ない。今日も来ない。

多分当選するから、先に植えたいものの種を部屋で栽培して苗に育てておこうという話になって、いくらか発芽させたりもしていた。

そして、一月も後半にさしかかった日、郵便屋さんのバイクの音に夫が出ていく。「来た！」恐る恐る、封筒にハサミを入れる。「あぁー。駄目だ。落選だ。しかも、当選待ち一三〇番台。三〇〇人近く応募していたらしいね」

今までより人数が増えている。三〇〇人近く応募して当選は六〇人。甘かった。母に駄目だったと報告すると、「こっちには耕作放棄地が山のように余っとるのに、みんなないものねだりじゃねえ」と言った。

二〇二〇年は家で過ごすことが増えたから、土に触れたいと思った人が多かったのだろう。地球環境のことを考えはじめた人もきっと増えたのだ。落ちたけれど世間の農への関心が高まっていることが分かり、少し嬉しい気もした。

さて愛媛の農地はというと、母と電話すると「竹が畑の周りにたくさん立っていたよ！」と笑っている。猪が畑を荒らしに来るから柵をしないとねと話していたら、ゾエが「家にたくさん竹があるのでそれを切って柵に使えるかもしれません」とメールをくれたので、私も「うん、いいかもね！」と言っていたのだった。後日、妹が送ってくれた写真を見ると、戦国時代のように畑の周りに竹が刺さっている。まさかあんなに太い竹だと思ってなかった。

母は、「でも、それをあの子たちに言ったらいかんよ。一生懸命やったんだし、これはこれで斬新で楽しいからええんよ。おもしろいなあってお父さんと感心したんよ」と言った。「若いってええなあ。知らんことがいっぱいあって、それを一つずつ知っていく楽しみがある。私もあの若い子たちと関わるんが楽しみだし、発見もあるんよ。だからあの子たちの竹を生かして柵をしたらええよ」と、竹と竹の間に鉄の杭を打って、そこに柵を張るのがいいだろうということになった。

そして、父と母がコメリで鉄の杭を大量に買ってきてくれて、それを納屋の辺りに置いていたようだ。すると数日後「久美子、あの子たち、今度は杭を立ててくれたみたい。おもしろいわあ。かくれんぼしよるみたいじゃあ」と、さも楽しそうだ。

その頃、新型コロナウイルスの感染が実家の町でも広がりはじめたので、無症状で母や父にうつすことがあってはいけないと、二人はこっそりやってきては、母に会わずに仕事をして帰っていたようなのだ。母は母で、寒さに弱い春菊に不織布をかけたり、見えないところでサポートしてくれる。妹が他の仕事でいないことが多いので心配していたが、かくれんぼスタイルも楽しげである。

母は、じっと見守っている。農業未経験な二人なのだから、ある程度は教えてあげてほしいとは伝えていたが、二人が自分たちのペースで考えながら進んでいくのがいいんだと言った。

「もちろん聞いてくれたら教えるよ。でも言われたことだけをやる作業のようではつまらんからね。私も特におじいちゃんに教えてもらったわけではないんよ。『まあ、あの子あんなことしとるわい』と、近所の人に笑われたりもしたし。ときどき教えてもらったり本で研究したりして上達したんよ」と。

うん、そうかもなあ。夢中になれるといいな。二人は農家になるのではない。自分の本業があるのだから、できる範囲でいいし完璧でなくてもいいのだ。願わくば、お百姓に。これは東京にいて思う私目線だが、いただいた恵みや身の回りにあるものを最大に生かして工夫して生活をする。百のことができる人に近づきたい。

東京の家の庭やベランダでは、十月に植えたオランダ豆がとれはじめた。暴風で倒れて蔓がぐちゃぐちゃに絡まり合ってしまったので、もうこりゃ駄目じゃなと諦めていたが、美しい紫の花が咲き、その花の部分から次第にさやが育っていくので驚いた。それを夕飯で食べてみる。ちょっとのことだけど嬉しい。あの小さな大豆から、このさやができたのかと思うと、皿が光って見えるのだった。

春菊はもう何回も収穫して食べているけれど、今日はえらい鳥が激しく鳴くなあとベランダを見ると……ヒヨドリにやられて全滅しかかっていた。こんな苦くても食べるの？

油断してたなあ。ネットしとけばよかった。そんなこんなで、一月が終わる。

ぶどうと茅萱

　三月末、私は密かに愛媛に帰り、一年ぶりに畑に立った。気持ちいいなあというより、近所の人にばれないかとひやひやした。さあ、猪用の柵を作るぞ。なっちゃんたちが予め立てていた例の竹の支柱を目印にして、竹と竹の間に鉄の杭を等間隔に打ち、杭に幅一・五メートルの鉄の柵をくくりつけて畑を囲っていく。

　その日は、朝から春の雨が降っていて、家で止むのを待っていたけれど、これはもうやるしかないと覚悟し、みんなカッパを着て納屋に用意した何十枚もの柵をゾエの軽トラックに積み、畑に出たのだった。今は機械化が進んで一人でもできるが、農業とは本来連携プレーのたまものだと思う。私が子どもの頃は、農繁期は親戚や近所の人が協力して、田植えや収穫をしていた。子どもだって立派な戦力だった。

　例えば、この猪の柵をするとき、一人が柵を杭に合わせて押さえて、もう一人が針金で固定すれば要領よく作業が進む。柵を運ぶのも一人で持てないことはないが、二人で持てばスムーズだ。三人だから三倍の力、ではなく実際は一〇倍くらいの速さとパワーになる。人と力を合わせる大切さを農業をしているとたくさん気付かされる。あっという間に終わって、びっくりするくらいだった。漁業とか林業もきっとそうだろう。「ありがとう」「おたがいさま」の精神が互いに生まれる。

となると喧嘩してしまうと大変なわけだ。人間関係の平穏が重要になってくるのも農業だろうと思う。良くも悪くも、足並みを揃えるということ。事を荒立てないということ。それでも、衝突してしまったときどうなるか……。農村の、実はじっとりした性質を子どもの頃から感じながら育った。「おたがいさま」だけではいかないとき、長老的リーダーが登場するのを何度か見たことがあった。「村」が機能していた時代の話だ。

農機具が発達して今は女性でも比較的楽に農作業ができるようになったが、昔は男性の力の見せ所が多く、かっこいいなと思う反面、男性優位な村社会だったなとも思う。何事も背中合わせだと、この歳になると気づくことがたくさんある。

出来上がった柵の中、高菜や春菊、ほうれん草の花が美しく咲いていた。

猪はどうにか追っ払えても、猿に目を付けられたぶどう畑はもう無理だろうという話になっていた。五年前に夫と五〇本あまりのぶどうの木を植えたが、毎年猿の襲撃にあっていた。昨年、鉄パイプと網でハウス型の立派な柵を妹と友人が作ってくれ、いくらかはその柵に守られているが、それ以外のぶどうは今年も食べられてしまうだろう。

放棄された果樹などは、猿への餌付けになってしまうので全て伐採すべしというのがこの頃の地域の常識になりつつあり、我が家も今年大きな柿の木を伐採したのだった。網をかけても、ここ五年はまだ柿の青いうちに食べられてしまっていたので、まさに餌付けをするようなもの。古木を切るのは心苦しいけれど、ご近所のことも考えると仕方のないことだった。

そういうわけで、残りのぶどうの木も抜いて友人たちに送ることにした。なっちゃんやゾエにも庭で育ててもらい、ぶどう栽培に最適な長野に住む友人にも数本送って育ててもらうことにした。きっとのびのびと育つはずだ。

抜くのが一苦労。まだ植えて日が浅いぶどうは簡単に抜けるが、五年以上経つと、根っこも太くなり幹も枝も大きくなって、シャベルをいくら入れても全貌が見えないほどに広範囲に根が広がり、掘り起こすことが難しかった。雨の中、みんなで必死にがんばる。

やっと掘り起こした木を梱包して長野まで送る。スーパーに行ってダンボールをもらい自分で箱を作るのに四苦八苦。箱がふにゃふにゃしていて木が折れてはいけない。しかも縦・横・高さの三辺を合わせて一七〇センチまでの荷物しか郵便局からは送れないので、二芽を残してせっかく伸びた枝をばっさりとカットし、根っこも、太いのを残しあとは切って丸めて、濡れ新聞紙で巻いてビニールで包む。元気に育ってくれよと願いながら。

東京の家にも六本送った。すでに前年に五本送ってもらっていたので、我が家には今一一本のぶどうの木がある。ベランダの方が日当たりがいいので、でっかいプランターに植えて、ベランダで育てることに。ちゃんと生き付くかな、と心配していたら、植え替えから一週間後には、若葉が生えて青々としてきた。そして、前年の五本のデラウェアやベリーAは、今年、甘くて立派な実をたくさんつけた。すごいなあ。静かに、でも確かに植物は息をしている。

ぶどう畑は、近所のおばあさんの畑を借りていたのだが、後ろの列は生長が遅く、実をつけないものもあった。前から茅萱《ちがや》が生えやすい土地だったが、ぶどうの根を掘り起こしてみて分かった。太くなった茅萱の根っこが、ぶどうの根にからまってその生長を邪魔していたのだった。

茅萱は畑をしている人には大敵のイネ科の雑草だ。普通の草のように単体で根を持つものなら、抜けばそれで終わるが、地下茎なので茎が地下で連なって繁殖するため、抜くことは難しい。さらに、鎌や鍬で土の中の茎を切っても切っても、根が少しでも残っていたらまた網状に広がっていって、あっという間に茅萱の大草原になってしまう。日照時間が長いからいいと思ったんだけれど、やっぱりここはぶどうには適さなかったようだ。

茅萱の繁殖する畑を羨ましいと言う友人を思い出した。茅萱を使って枕を作るのが趣味だというのだ。河原や空き地へ行っては茅萱を探しているそうだ。信じられん。愛媛に来て全部刈ってほしい。焼いても切っても耕しても、ぶどうに悪さばっかりしてきた茅萱が羨ましいだなんて。

一方から見たら悪だけれど、見方を変えれば新しい可能性があったりするんだな。ここで、まさかの、茅萱を育てるのもありかもなあ。人間も植物も、個性を生かすということが一番健やかな生育方法なのかもしれない。ごぼうのような茅萱の根っこから解放されたぶどうは、ほっとしているように見えた。

今日が始まりの日だ

二〇二一年の頭、妹が結婚して県内でも実家から離れた場所に移住した。移住先でも農業をするということで（しかもかなり大規模！）、好きなことを続けていけるってまことに喜ばしいなあと安心した。と同時に……私たちの畑の現場監督がいなくなるという不安。ときどきは帰ってきて管理をしてくれているけれど、現実的に畑を維持していくのは難しいのではないかという気持ちになる。私も三月以降、また帰れない状況が続いていた。

四月に入り、愛媛でもコロナ感染者の人数が急増し、隣町に住むなっちゃんとゾエは仕事柄、市外に出てはいけないという決まりになったそうだ。正直、畑なら密になるどころか誰にも会わないから平気だと思うんだけれど、もし知り合いに見られたら……みたいな不安も募っていたのだろう。

「夏野菜の種をまく時期もそろそろ終わりだけど、どうしようかね？」とグループＬＩＮ

Eで尋ねると、「とりあえず家の庭で育てて、移植することはできますか?」と返事がくる。「それはいい考えね。そうすると水をやりに行くのも楽やもんね。でもかなり大きくなってからでないと移植してもすぐ枯れるよ」と妹。まあ、梅雨時期に植え替えしたらわりと生き付くのではないかな。

二人は夏野菜の種をそれぞれの家でまき、育てはじめた。野菜は子育てと同じで、小さいうちに手をかけてあげて、根を張ったらそこからは放っておいても大丈夫だ、と母はよく言う。

五月頭、実家に帰っていた妹から「三人で植えたニンニクの芽が出てたから食べるよ~」とグループLINEに青々としたおいしそうな写真。ほらほら、二人も行かないと食べられないよ。

五月後半、なっちゃんにメールすると「畑に行って気分転換がしたい」と返信があった。「畑で空見て草取りするだけでも、絶対気分転換になるから行ってみな」と返す。二人とも少しコロナ疲れしている様子だった。

母も妹も、毎日自分の畑に出ているからか変わらず元気だった。私も、小さいながらも東京の家庭菜園で土いじりをしているから比較的元気が保たれていた。こういうときほど、自然の中に入って土を触ることが大事だと母は言った。私も本当にそう思う。

母から、「上の畑、ニンニクがもう割れよったり腐ったりしよるからとっておいたよ」と電話があった。「これはあの子らに食べさせないと。猿にばっかりやられて二人は収穫の喜びを味わってなかろ？　家で乾燥させよるから取りにくるように言うておいてね」

私は二人に思い切って「自分の畑だと思って、やってみてもらえないだろうか」と伝えた。それが二人にとって重荷になるかもしれない。でも結局、その気持ちがないと本当の意味でおもしろくはならないだろう。みんなでワイワイやるのも楽しいけれど、一人で黙々と土に向かう時間が本当の農の魅力を教えてくれる。それに、畑の存続には二人の本気が必要だった。

母には、改めて、弟子だと思って二人を指導してみてもらえないか電話した。妹が頻繁に二人に会えなくなった今、教えてくれるのは母しかいない。「二人が自分たちのペースで考えながら進んでいくのがいい」と母は言ったが、それでも、この辺りの土地の傾向や、植える作物の向き不向きなどは、長くここで農業をしてきた人のアドバイスがないと初心者には難しいと思う。ポイントポイントで指導してあげてほしいと伝えた。

母は、聞かれるまで多くをしゃべらない。偉そうにするのが恥ずかしいというシャイなところもあり、教える前にそっと自分でやってしまうのだ。現に、妹が移住した後は水をやったり、追肥をしたりと、こっそりと畑を守ってくれたのは母だった。でも、母が全部やってしまうと二人は育たない。

やっぱり伝えることが大事なんじゃないかと言うと「なるほど、私にもこっそり教えてくれた近所のおじいさんがおったもんな」と。ああ、あのおじいさんのことだなと、私も思い出す。母の畑に通りかかる度に、笑顔で助言をしてくれていた。うまく育ってないときには、自分の畑の野菜を持ってきてくれた。昔はそんな人がたくさんいた。お節介をしてくれる人が、母を育てた。最近は、そういう人が本当に少なくなったと思う。母は、おじいさんのことを思い出し、もうちょっと若い子に首を突っ込むことにするよと言った。

五月末、自分の市からようやく出られるようになった二人から、畑に行くと連絡があった。妹から「苗が大きくなっているなら、雨の後だと生き付くから移植してみな〜」とLINE。母からは「鶏糞を買ってきといて草刈りを終えたあと少し混ぜたらいいかもしれんよ。一〇〇円であるよ」と。おお、具体的なアドバイス。牛糞の方がベストだが、高いのでまずは鶏糞でいいだろうとのこと。母はスマホを持ってないので、やっぱり私が伝書鳩の役目をしている。

ぐんぐんと伸びはじめていた草を二人で刈ってくれて、柵の中がぴっかぴかになった写真が送られてくる。二人だけでよくがんばったなあ。すごいぞ。そして、カボチャ、アスパラ、空芯菜、唐辛子、明日葉など、家から持ってきた苗を植えたようだ。母が菊芋、三つ葉、ミント、ミョウガ、ゴーヤの苗を自分の畑からくれて、それらも植えたそうだ。生き生きとした文章から畑が気持ちよかった様子が想像できた。

カヤネズミというネズミが高く伸びた草の中に巣をつくっていたみたい。送ってくれた写真のネズミはハムスターみたいでかわいい。猿だけじゃなくいろんな野生動物が生きているんだなあ。でもこいつは作物を食べますからね、やっぱり草は刈ってないとこうなるんだ。

二人は休みの度に草刈りに来て、ついに柵の外もぴかぴかになった。そして苗も大半が生き付いたみたい。よかった。なっちゃんから唐辛子ができたと写真がくる。

「え、これって本当に唐辛子？　唐辛子なら上向きにつくよ」と妹。「万願寺唐辛子っぽいよね」と私。種の袋には「とうがらし」と書かれているが、うーん。「大きくなるのを待ってみます！」と返事。こういうことも含めて、畑って未知との遭遇場だ。

妹「梅雨とは言うても全く雨降らんな。苗の周りに枯れ草を置いとくだけでも蒸発を防げるからしてみてね」

私「お母さんに平日の水やりは頼んでおいたからね」
二人「ありがとうございます！　置き草やってみます！」
私「東京の家の畑、ウリハムシが大量発生してゴーヤの苗を全部食べられた」
妹「ああ、ストチュウ（お酢と焼酎を混ぜたもの）でも全然きかんよな。家もカメムシ大量発生。見つけたら手で潰すしかない」
私「飛ぶの速くて全然潰せん。匂いきついミントまで食べられた」
ゾエ「ウリハムシは木酢液有効でしょうか？」
私「木酢液もあんまり効果なかったな」
ゾエ「これを試してみますね」
　と写真がくる。ん!?　ペットボトルを半分に切って飲み口の部分を逆さまにして重ねた装置を畑に取り付けている。その中に虫が入っているではないか。すごい。二人、自発的に新しいことを考え出している。うかうかしていると追い抜かれそう。
　実家に帰っていた妹から、水やりに来ていたゾエに畑で会ったという情報もあったし、昨日、母と電話していると、「さっきまで二人が畑に来ていて、梅のジャムを作ったからあげたんよ」と。二人、本気出してきたなあ。少しずつ自分の大事な場所になりつつあるのだろう。

先日は、返すことになった妹の借畑から、半円形の大きな柵を移動させたようだ。これで猿たちにキュウリやカボチャを盗られることもないだろう（多分ね）。

草刈りも定期的に行って、日照りのときは水やりも。自分たちへの水分補給も忘れずに。一歩一歩こつこつ土と向きあって、二人の生活リズムにそれが定着して喜びに変わるといいな。台風や大雨、日照り、もうすぐ農家にとってもっとも過酷な夏がやってくる。順調に野菜が育ちますように。

この一年半、愛媛に帰れなくて、大失敗だこの計画と頭を抱えたが、逆だったのかもしれない。私がいたら、二人はずっとお手伝いのままだっただろう。妹や母との距離も、私が不在だったからこそ縮まったのではないか。何より、それぞれが自分で考えて行動するようになり信頼が生まれたように思う。

太陽光パネルのあれこれから始まった、なんとも波乱万丈な畑の話はここで終わり……じゃなくて今からが始まりだ。ううん、畑の所有者に話をしに行ったときだって、サトウキビを植えたときだって、いつだって始まりだった。始まっては終わって、終わっては始まって。そこに土がある限り、そこに種がある限り、そこに種まく人がいる限り、今日が始まりの日だ。

土の上を歩くこと、それは地球の肌に触れること。アスファルトの上を歩くより安心する。私たちは何千年もの間、この土と水と風と太陽とともに循環を繰り返してきた。この土でさまざまな作物が生まれ、還り、また生まれ、それを食べて命は巡る。私たちのゆりかごは土だ。

気候変動はこれからも強まっていくのだろう。そんな中での農業は、三歩進んで二歩下がるの連続だけれど、目の前の土と、目の前にいる人たちと、喜びの種をまいていきたい。それが人の手から手に繋がっていったらいいな。都会でも田舎でも、人々が地球の肌に触れる機会が増えていったらいいな。

さて、夏野菜は無事に育っているだろうか。あの唐辛子は、辛かっただろうか。

なっちゃんの唐辛子

長い追伸　そこで暮らすということ

最後の最後に、農地を買うことが難しくなるという事態が起こってしまった。とっくに農地を買ったと思っていたみなさま、本当にすみません。必要事項などを書いてもらった書類を次に帰ったときに提出しようと、二〇二〇年の四月そして十一月にも飛行機のチケットまで取っていたのだけれど、コロナの影響でキャンセルした。帰れないので申請を待ってほしいと伝えて了承は得ていたのだけれど。

帰れなかった一年の間に、愛媛では実にさまざまなことがあった。どこから話せばいいだろう。

実は、二〇二〇年の三月に一日だけ実家に帰っている。空白の二〇二〇年の幻の一日だ。そのことについて書こうかどうか今まで迷いに迷ったが、書こうと思う。家族や近隣の方々に迷惑がかからないよう、なるべく詳細は控えつつ、やっぱり書こうと思う。

二〇二〇年三月上旬、地元の自治会で話したいことがあって私は実家に帰った。翌日に生放送のラジオ番組を控えていたので、弾丸だったけれど、どうしても相談したいことがあった。

実家に隣接する幅四メートルほどの細い市道に、大型トラックや乗用車がひっきりなしに通りだしたのは大学進学のため愛媛を出た後だった。私が小学生の頃、数軒しか家のないその道を抜け、田園地帯を走った山裾に工場ができた。当時自治会長だった祖父が断固として反対してくれていたら良かったのに、地元に雇用が生まれるならと役場からの説得を受け入れてしまったのが今思うと全ての発端だった。私の知る祖父は、地元の人にいつも頼られ慕われ、地域のためを第一に考える人だった。

当時の自治会の議事録を見ると、役場の人が「将来的には工場専用道路を作る」と言ったと書かれている。多分、祖父たちも上手いことまるめこまれたんだろう。お察しの通り、三十年近くたった今も専用道路はできていない。

私が小学生の頃は、従業員が二〇人程度の小さな工場だったのが、十年二十年と経ち、工場は知らぬ間に増設され創設当時の一〇倍以上の従業員が働き、交代制で昼夜を問わず通勤車が往来するようになった。人より猿の方が多い田舎に、猿より車がガンガン走るようになった。その数、一日八〇〇台以上。

何より、大型のトラックが頻繁に通るようになったのがつらかった。ただでさえ幅四メートルしかない道は、我が家の前で丁度湾曲しているため、運転手さんも四苦八苦し、何度も切り返しながら走行し、家の外塀に当たって塀が崩れることが一〇回以上も続いた。東京から帰省すると、いつも外塀は工事中だった。

数年前から車よけのポールが立てられるようになり、今は塀が崩れることはなくなったが、ガリガリガリとすごい音を立てて、ポールに当てて通るトラックも多い。それだけ無理のある走行なのだ。相変わらず振動や騒音や危険にも悩まされている。

亡き祖父も、父も、自治会を通じて工場や市役所に相談し続けてきたが、解消されることはなかった。市役所としては、雇用・税収という面でも工場の移設は考えられなかったのだろう。専用道を通すのも巨額の費用がかかる。でも、こんな状況で走行が続いているなんてどう考えてもおかしい。

二〇一五年、自治会の臨時総会を開いてもらい、母と姉が再度困っている旨を伝えた。臨時だったので集まってくれた人は少なかったようだが、「こんなことになってたの!?」と同情の声もあったという。やっぱり目立たない道だけに、知らない人が多かったのだ。そして、「協力しますから、先に市役所へ行って話をしてみてください」と言われたので、二〇一六年の正月明け、母と市役所へ行きさまざまな課の方に相談をし、その後、数年間にわたって市や工場と話し合いを重ねてきた。私もその度に帰省した。市役所の方たちはいつも真剣に話は聞いてくれるけれど「できてしまった工場を動かすいうんはできんことやけんね」から話は進まなかった。

さらに「自治会からの要望として上げてもらわないと、役所としては動けんのです」とのことだったので、自治会の道の会のリーダーに報告をしにいく。「よし、なんとかがんばりましょう」と言ってくれ、一時は明るい方向へ向かっていたが……。

市役所へ先に相談に行ってと言われたから行ったのに、「自治会を通さずに勝手に市役所に陳情するなんて！」と白い目を向けられるようになる。

そして、手っ取り早い解決策として、

「高橋さんの畑や納屋、家を道にしてくれないか？」

という声が、囁《ささや》かれるようになるのだった。将来的に工場専用道路を作るということで承諾した話が、いつの間にか、逆転してしまっていた。強者の歴史はこうして作られるんだなと思った。

こういうとき、「まんが日本昔ばなし」なら、村人たちが声を上げてくれたりするものだが、甘かった。普段は優しい近隣の人たちも、工場のことになると我関せずなのだった。同じ地域ではあるが、迷惑をしている家が道沿いの数軒だけだから、気持ちを同じにしてくれることはなかった。それに加えて、最初は一緒に声を上げていた同じ道沿いの方々も、子どもや孫がその工場で働き始め、声を上げるのをやめてしまったという。傍目《はため》からは、高橋家はいよいよラスボスになったわけだ。

「素直に立ち退《たの》きに応じてどこかに新しい家を建ててもらえばいいのに、高橋さんはごねていて変わり者だ」と囁かれるようになった。私たちの願いは、この家に住み続けたいだけなのにな。

数年間こういうことをしてみて分かったことは、段々と地域から孤立していくということだった。「お金が欲しくてやっているんだ」と変な噂を立てられたり（工場からお歳暮は来るそうだけど、お金は一円たりとももらってない）、「なぜお金をもらって新しい家を建てないの？　新しい家の方がいいのに」と、気持ちを理解されない。

良くも悪くも、周りと足並みを揃えていないと暮らしにくいのが田舎だ。暮らしている母たちはどんどんと気持ちが弱っていき、声を上げづらくなる。父はとうに諦めてしまい表に立つことはなくなった。私一人なら、とっとと弁護士にお願いするが、ここでそれをやってしまうと完全に村八分になるのだろう。現時点で孤立してるんやから、村八分の何が怖いんだろう？　と思うが、久美子は本当の怖さを知らないのだと父母は言った。

二〇二〇年三月、年に一度の自治会の総会で集まった人にもう一回、本当の気持ちを聞いてもらうのがいいのではないか、これが最後のチャンスなのではないかと母と話した。というのも、我が家の手前まで、道を拡張することが決まってしまったというのだ。家の手前までは一〇メートルはある広い道路（家の前で四メートルほどに狭まっている）なのだけれど、さらに拡張するという。それも、父たちには相談なく決定事項として発表されたのだった。

父は、人生のどん底みたいに暗くなっていた。とても見ていられなかった。ずっと同じ場所に住むということ、それは小学校時代からの自分を知っている人に囲まれているということなんだな。あのヒエラルキーが一生続くなんて、恐怖でしかない。

今となれば、ふるさとというフィルターに包まれているけれど、高校時代は、こんな町絶対に出ていってやると思っていた。父は、あの感情を引きずったままずっとこの家にいるのだろうかと思うと、泣けてくる。もういいよ、どこでも行ってくれ。九州でも、北海道でも、台湾でも、アメリカでも、どこでも行って残りのお金を全部使い果たして、自由にやってくれと思うけど、今さらどこにも行けないことも分かる。

話がそれてしまった。つまり、みんな道を拡張したいのだ。市役所も工場も、そして「協力しますよ」と言ってくれた自治会の中心人物も。高橋家を壊すのが道を拡張するのに一番手っ取り早いものの。その他の人は、どっちでもいいのだ。

プレッシャーに押しつぶされそうだと父は言った。そのプレッシャーに耐えられず、まずは農業用の納屋と家の前の母の畑が道路になることが、ほぼ決まってしまったそうだ。太陽光パネルどころの話ではない。「近所の余っている畑を買い取りますから、使ってくださいね」と市役所の人が言うそうだ。

「でもね、土が全然違う。二十年かけて無農薬で、堆肥も自分で作ったものを入れて、丁寧に丁寧に作ってきた土なんだ」と母は言った。そういうことを言っても誰も理解してくれないだろうとも。畑をやめる人がほとんどの中で、時代と逆行するように母は地道に土を作り、種をまき、野菜を作り、また種をとり、自給自足をしてきた。嫌々ではなく、そこに喜びを感じながら、真っ当に生きてきた人だと私は思う。

市役所や工場の人が我が家に来て相談会をするときは、「わざわざ時間を割《さ》いて来てくれるのだから」と、前日から手作りのクッキーを焼いてもてなすような母だ。どうして、この細やかな日常を守ってやれないのかという気持ちになる。

東京砂漠と言われていたりするけれど、地元でのこの数年を考えると、東京での暮らしの方がよほど温かく、そして筋が通っているなと思う。電話で「お母さんも東京で暮らしたいなあ」と母は笑いながら言う。畑も田んぼもない代わりに、東京は風通しが良い。自分の土地がないからこその風通しだ。今の実家の何百倍も暮らしやすい。

自治会の総会で発表するかどうか、母と私は電話で相談を重ねた。やっぱりやめよう。いや聞いてもらうだけなら。その後を考えると怖い。でも後悔するんじゃ……。

会の二日前になって、母から電話があった。「やっぱり発表しよう。自分でしようかとも思ったけど勇気が出ないので久美子にしてもらえんやろか」

翌日、私はマスクとプロジェクターを握りしめて実家に帰った。トラックが家の外壁すれすれに通っていく動画があるから見てもらおう。今までの経緯を知らない人も多いはずだから、全て話して市へのアプローチをお願いしよう。好転しないことは前提で、ただただ地域の人に気持ちを知ってもらおう。妹と一緒に資料を作り、自治会長のところへ行き発表させてもらいたい旨を伝え、許可をもらった。

そして、いざ本番。集会所の畳の部屋に、三〇名くらいの人が集った。

ほぼ六十代か七十代の男性である。何度も相談に乗ってくれていた市役所の方も来ているので、ほっとしていたが、拡張される道路の説明が終わると「高橋さん、ごめんね。ここから先は僕らは帰らないといけないそうなんだ」と言って、訳ありげに帰ってしまった。自治会長さんが私を前に招いてくれた。プロジェクターの前に立って私は話し始めた。

「こんばんは、高橋の家の次女です。お時間をいただきありがとうございます。この集会所に来るのは小学生のクリスマス会のとき以来です。少しだけ話を……」

みんなの目が、冷たい。氷のように冷たい。今まで味わったことのない疎外感だった。同級生のお父さんも幼馴染のお母さんも、やばいものを見る目つきであった。そのやばさとは、明らかに、女がしゃあしゃあと男たちに意見するというやばさだった。

私は、現状をプロジェクターの動画を見てもらいながら話し始めた。一分も経っていなかっただろう。いきなり、白髪のおじさんが、

「おまえ、なんも知らんだろうが。知らんのだったら、黙っとれ!!」

と怒鳴った。

もともと静かだった部屋が、シーンという音が聞こえるほどに静まり返った。かつて、オルガンを弾いてケーキを食べ、クリスマス会をした部屋で、近所のおじさんに怒鳴られ

ている私。しかもすごく近所の人だ。うそ、こんなこと想定外ですけども。この状況を小説に書いてもおもしろくできる自信はない。男の人に怒鳴られるのはとても怖いんだなということが分かった。父と言い合いになるのとは一味違っていた。そこに、一欠片《ひとかけら》も愛がないからだ。繰り返し繰り返し、おじさんは私に向かって怒りを顕《あら》わにした。困ったなあ。はじめは黙って受け止めていたが、

「あのう、なんでそんなに怒鳴られないといかんのでしょうか……もう少し言い方があるんじゃないですか？　話を聞いてもらえませんか？」

と言ってしまった。自治会長から、何があっても言い返してはいけないと言われていたのだが、けちょんけちょんのボッコボコにやられるのを誰も助けてくれないもんだから、普通に反論してしまった。

引火！　ボッ！　おじさんは、顔を真っ赤にしてますます私を怒鳴りつけた。自治会長が飛び出してきて、なぜかおじさんに謝っている。え！　そっちに謝るんだ。そうか、年配の男性に意見した私が悪いのか。女が声を上げることがこんなに難しいのか。今、明治時代くらいだっけ。

もう、話し合いどころではない。せっかく作っていった資料をなんとか発表しようとがんばるが、それからもヤジは飛び続け、資料を読み上げるのが精一杯だった。めったためた

の八つ裂きにされた。ドロップアウトして来なかった父が「行ってみたらあの空気感が分かる」と言っていた意味がよく分かった。私の出る幕ではなかったのだ。

そして、今まで闘ってきたものは、工場でも市役所でもなく、この地域であり、それは私のふるさとであり、私を育ててくれた過去の全てだった。それを知ったとき、あまりにも絶望的で、石で思いっきり頭をぶたれたようで、翌早朝の新幹線で東京に帰ったけれど三日三晩眠れず、一カ月近く悪夢にうなされる日が続いた。

ああ、母たちはこんな地獄みたいなところで暮らしているのか、と思った。どうやって息をしながら、この場所で私たちを育ててくれたのか。昔はおじいちゃんが守ってくれていたんだということもよく分かった。

後日、電話で「同じような立場の人がいたときに、果たして私もその人の味方になってあげられただろうか」と母は言った。やっぱり、あの人たちと同じように黙りこくっていたんじゃないかと。きっと、当事者にならなければ住みやすい地域だったのだろう。実際、私の思い出の中のふるさとは美しい。

私は生まれてこのかた社会の厳しさを知らないでここまで来たんだなと、おじさんに怒鳴られながら目が覚めた。ちゃんと話せば人は分かってくれると三十八にもなって信じていた。きっと、一般の職業に就職をしたり地元に住んでいたら、理不尽な目にあって涙を流すことだってあっただろう。私は、私を好きでいてくれる人の前でしか話をしたことがなかったのだと思った。バンド時代や作家になってからも多少は苦労をしてきたけれど、少なくとも好きなことをやる上での苦労だ。

会が終わって、集まっていたほとんどの人は足早に立ち去っていった。Ｓばあちゃんが、いつもとは違う厳しい目で私を見ながら帰っていった。とにかく私は何もかもが場違いであった。女性は黙っていることがここで暮らすルールのようだった。姉や妹、母、女ばかり四人で来ている私たちをもはや誰も相手にはしてくれなかった。

これも以前母が言っていたが「家長のお父さんが動かんと誰も相手にはしてくれんの。そのお父さんがもうええと言っているんだから、もう無理なんよ」と。人が去っていく部屋で、私たち姉妹と母は魂を抜かれたシカバネと化していた。

と、そのとき比較的若い五十代くらいの女性が「怖かったね」「大丈夫だった？」と小さな声で話しかけてくれた。他にも数名が残って話しかけてくれた。最近こっちに引っ越してきた人や、若い人、私を慰めてもしがらみのない立場の人だった。私はぽろっと涙が出た。怒鳴られたときではなくて、優しい言葉をかけられたとき初めて人は涙が出ることを知った。

妹が、「久美ちゃん、あそこで反論したんはいかんかったわー。ああいう人は何言うてもいかんのじゃけん、黙ってハイハイって言うとかなー」と言った。こいつ、けろっとしとる。妹は、涙が止まらなくなった私を置いて、廊下へ出ていった。

廊下から「姉が失礼をしまして、すみませんでした」という声が聞こえてくる。まじかよ、あの恐ろしいおじさんに話しかけているじゃないか。部屋に戻ってきた妹に「何を話してたん？」と尋ねると、「きっと、あのおじさんにも言い分があるんだと思って、何が気に食わんかったかを聞きに行っていたんよ」と言った。なんちゅう根性。この状況で、殴られるかもしれんのによう行ったなあ。子どもの頃から内気で、いじめられっ子タイプだった妹が冷静なジャブを打っている。姉と私でいつも守ってきた妹だったが、今や三姉妹で一番大人になっていたのだった。

妹は農業をするまでの間、一人暮らしをしながら企業で十数年働き、バイトの面接や、クレーム対応などもしていた。人知れず涙したこともあったのだろう。だからこそ、妹は、道の問題はもう解決しないから、黙って土地を差し出せばいいと言っていたのだ。こんな土地に執着することないじゃないかと。

こういう問題が起こったとき、何が一番大変かというと、家族内で意見が分かれることだと知人の弁護士が言っていた。確かに、この家で細々とお百姓を続けたい母と、近所に波風を立たせるよりは家を差し出す方がいいという父と、私たち姉妹もそれぞれ思いが違っている。家族が分裂してしまうことが一番の問題なのだと弁護士さんは言った。

そして……この後、問題はさらに勃発する。

その数日後、家の田畑へ通じる畦道に、丸太が何本も置かれたり、鉄柵がされたりと、農機具が入れないようにされて、農業ができなくなっていると母からの電話で知った。「おまえがいらんこと言うけんじゃわい」と電話の向こうで父は私にブチ切れている。私は青ざめた。人ってここまでやるんだ。ちなみに、やったのは私を怒鳴ったおじさんではないが、幼少期から知る人だった。道路拡張の賛成派で相当私に腹を立てたのだろう。もうほんまに、小説よりもすごいことが起こりまくる。

議員さんなんかも巻き込んでの話し合いとなり、畦道は共有道なので、すぐ外すように指導が入ったそうだが、やっぱり丸太や鉄柵はのけてもらえてないそうだ。しかも、父が勝手にのけていないか見回りに来ているそうで、数カ所に点在する畑の内二カ所が今現在も、そういったもので封鎖されて農作物が作れなくなっている。これじゃあ子どものいじめではないか。文句があるなら私に言ってほしい。

妹があの日、私を怒鳴ったおじさんとどんな話をしたのか。

「工場の誘致は、おまえらのじいさんが中心になって決めたことなのに、今頃になって何を言いよるのか。お門違《かどちが》いだろう」

ということだった。当時の議事録には〈住民の七割以上が賛成をしているために可決〉と書かれていたし、今は社員の数もトラックも当時と全然状況が違う。祖父は、こんなことになるなんて想像もしていなかったはずだ。現に、亡くなる前まで、自分のせいでこんなことになったと、後悔を口にしていたのだから。

祖父は、このおじさんに嫌われていたのだろうとも妹が言った。ほんとに心臓に悪い話ばかりだ。私たち家族の目には、いつも地域のために走り回り誰からも慕われるご意見番のような祖父だったが、人の見え方は一方向からだけではない。この人にとっては、目の上のたんこぶだったのかもしれない。善だけの人も、悪だけの人もいないのだなと思った。だからこそ、腹を割って話し合うことが大事なのに……。

二〇二〇年の十二月、母から電話があった。

「Sばあちゃんが、やっぱり土地は売らんと言うてきたよ」

えーーーー！！！

コロナで帰れなくて、手続きが遅くなる旨は母に伝えてもらっていたが、そのときは、気にしないでいいよと言ってくれていた。私は、せめて電話で手続きが遅くなったことを謝ろうと思い、母にSばあちゃんの電話番号を聞いてかけた。

Sばあちゃんは電話口で、近所の若い子が売らない方がいいと言うから、とにかく売れなくなったのよと言った。誰かは想像がつく。やっぱり、あの発表以来、圧力がかかっていたということなのだろう。そして、今作っている作物も、春の収穫までは待つけれど、そこから先は何も植えないでほしい。ごめんなさいねと言った。まるで今までとは別人のようだった。私こそ、いろいろ迷惑かけてごめんねと言って電話を切った。私には言わなかったが「女の人が意見してもいかんわね。男が出てこんと」と、母に言ったらしい。あの日の冷ややかな目つきでなんとなく気持ちは分かっていたが、こんなことになるとは思ってもみなかった。

工場の話と農業の話は別物だと思ったので、今まで一切このことには触れずに書いてきたけれど、ついに農地が買えない事態になり（U子さんの畑の方は継続中）、全てを書かなければいけないと思った。ふりだしに戻ったけど、同じふりだしではなかった。ぺりっと皮を剝がした、真皮の部分に入っていた。

畦道に丸太を置くおじさんにも、その言い分があるのだろう。祖父の代からの私たちの知らない因縁があるのかもしれない。

思った以上に人間は恐ろしかったが、家を出たくないと立ち退きを嫌がる私たちもみんなから見たら恐ろしいのかもしれない。分からないから恐ろしい。分からないから変な噂が飛ぶ。分からないから口をきかない。やっぱり話し合うしかないんじゃないかと私は思う。何時間でも、何年でも話し合えば、分かり合えなくても、相手を敬う気持ちは生まれる。これは、市役所や工場の人と何度も話し合いを重ねる中で思ったことだ。

二〇二一年八月。自然は人間の混沌など気にもとめず、作物を実らせる。それは会話なき会話だと思う。春を春だと、夏を夏だと、生きるとは何かを、体全部で語っている。

少し前に「唐辛子、辛くありませんでした！」とゾエからグループＬＩＮＥに連絡があった。どうやら万願寺唐辛子だったらしい。とれたての空芯菜の炒めものの写真もおいしそう。なっちゃんと母は、カボチャに猿よけのネットをかぶせたそうだ。残った畑は巡り、みんなを育んでいる。

では、私はこれからどう生きるのか。どこでどのように暮らすのか。パンデミック下の東京で種をまきながら、未だに答えは出ない。

初出

本書は「みんなのミシマガジン」(mishimaga.com)に「高橋さん家の次女」(二〇二〇年三月〜二〇二一年七月)と題して連載されたものに、加筆・修正のうえ再構成したものです。

高橋久美子（たかはし・くみこ）
作家・詩人・作詞家。1982年愛媛県生まれ。音楽活動を経て、詩、小説、エッセイ、絵本の執筆、翻訳、様々なアーティストへの歌詞提供など文筆業を続ける。また、農や食について考える「新春みかんの会」を主催する。著書に小説集『ぐるり』（筑摩書房）、エッセイ集『旅を栖とす』（KADOKAWA）、『いっぴき』（ちくま文庫）、詩画集『今夜 凶暴だから わたし』（ちいさいミシマ社）、絵本『あしたが きらいな うさぎ』（マイクロマガジン社）など。

その農地、私が買います

高橋さん家《ち》の次女の乱

2021年10月20日　初版第1刷発行
2022年3月1日　初版第4刷発行

著　者　高橋久美子
発行者　三島邦弘
発行所　（株）ミシマ社
郵便番号　152-0035
東京都目黒区自由が丘2-6-13
電話　03-3724-5616
FAX　03-3724-5618
e-mail　hatena@mishimasha.com
URL　http://www.mishimasha.com/
振　替　00160-1-372976

ブックデザイン　佐藤亜沙美
イラスト　ITAZURA
写真　ゾエ・なっちゃん・M子・くみこ

印刷・製本　（株）シナノ
組　　版　（有）エヴリ・シンク

ISBN 978-4-909394-58-3